Agil geht anders

Dominique Stroh

Agil geht anders

Eine Toolbox für den Führungsalltag

1. Auflage

Schäffer-Poeschel Verlag Stuttgart

Bibliografische Information der Deutschen Nationalbibliothek
Die Deutsche Nationalbibliothek verzeichnet diese Publikation in der Deutschen Nationalbibliografie; detaillierte bibliografische Daten sind im Internet über http://dnb.dnb.de abrufbar.

Print: ISBN 978-3-7910-4465-1   Bestell-Nr. 10323-0001
ePDF: ISBN 978-3-7910-4466-8   Bestell-Nr. 10323-0150

Dominique Stroh
Agil geht anders
1. Auflage, September 2019

© 2019 Schäffer-Poeschel Verlag für Wirtschaft · Steuern · Recht GmbH
www.schaeffer-poeschel.de
service@schaeffer-poeschel.de

Bildnachweis (Cover): ©MicroOne, shutterstock

Produktmanagement: Dr. Frank Baumgärtner
Lektorat: Elke Renz, Stutensee

Dieses Werk einschließlich aller seiner Teile ist urheberrechtlich geschützt. Alle Rechte, insbesondere die der Vervielfältigung, des auszugsweisen Nachdrucks, der Übersetzung und der Einspeicherung und Verarbeitung in elektronischen Systemen, vorbehalten. Alle Angaben/Daten nach bestem Wissen, jedoch ohne Gewähr für Vollständigkeit und Richtigkeit.

Schäffer-Poeschel Verlag Stuttgart
Ein Unternehmen der Haufe Group

Inhaltsverzeichnis

Geleitwort	7
Einleitung	9
Umdenken!	13
Eine agile Ungeschichte	13
Produktionsfaktor Mensch – und jetzt agil?!	23
Agile Leadership – um was es eigentlich geht	27
Handeln! 20 Tools für deinen Führungsalltag	31
TOOL 1 – DAILY	32
TOOL 2 – KANBAN	35
TOOL 3 – RETRO	38
TOOL 4 – LEGO im Bewerbungsgespräch	41
TOOL 5 – CREATE A TEAM CULTURE	45
TOOL 6 – ROLLE IM TEAM FINDEN	48
TOOL 7 – SPEEDBACK	51
TOOL 8 – STOP-KEEP-START	53
TOOL 9 – LEARNING QUADRANTS	55
TOOL 10 – DECISION POKER	58
TOOL 11 – DELEGATION MATRIX	61
TOOL 12 – CUSTOMER JOURNEY MAP	64
TOOL 13 – PERSONA	68
TOOL 14 – EMPATHY MAP	72
TOOL 15 – DE BONOS KREATIVES MEETING	76
TOOL 16 – KILL YOUR COMPANY	80
TOOL 17 – TIMESHIFT: WO GEHT MEINE ZEIT HIN?	84
TOOL 18 – DER AGILE JOHARI	87
TOOL 19 – DESIGN YOURSELF (FK)	91
TOOL 20 – BUSINESS MODEL CANVAS	94
Darüber reden!	99
Interview mit Thorsten Heilig, COO moovel Group GmbH	99
Interview mit Dr. Gerwig Kruspel, ehemals VP HR Trends and Strategy und HR Solutions, BASF SE	103
Interview mit Ömer Atiker – Digital und Agil zwischen Wahn und Wirklichkeit	105
Interview mit Gina Schöler, Glücksministerin – Glück und Agil?	110
Praxisbeispiel Scrum im Recruiting von GULP Information Services GmbH	112

Fragen!	117
Was ist eigentlich agil?	117
Management 3.0	121
Scrum	122
Design Thinking	123
Lean Startup	125
OKR	126
Und nun alles agil?	127
Einfach machen!	129
Dein Weg als agile Führungskraft!	129
Backlog & Retro	131
Literaturverzeichnis	133
Sachverzeichnis	135
Zur Autorin	137
Zur Graphic Recorderin/Illustratorin	139

Geleitwort

Sprints, Retros, Backlogs, New Work etc. – diese Stichwörter fliegen derzeit durch die Managementliteratur, beflügeln Unternehmensleitungen, drängen Führungskräfte in neue ungewohnte Aktivitäten und verschrecken den einen oder anderen Beteiligten. Einige Manager bewundern die Modernität dieser Ansätze, andere fühlen sich in ihrer kritischen Beobachtung bestärkt, dass mal wieder ein neuer Ansatz die Lösung fundamentaler Managementprobleme propagiert. All diese Aktivitäten werden unter dem Begriff Agilität subsumiert und versprechen eine neue Form der Zusammenarbeit, die endlich die Bedarfe der Kunden, die Ziele der Unternehmen und die Wünsche der Beteiligten flexibel vereinen kann. Bei den vielen Versprechungen, die die Literatur der Apologeten verkündet, wirbt der vorliegende Band mit einer eher nüchternen, pragmatischen und dennoch gezielten Aussage, die sich im Titel bereits abzeichnet: Agil geht anders. Schnell fragt man sich als Leser: anders als was? Als bisherige Management-Konzepte? Als die versprochenen neuen Konzepte? Als gewünscht und gehofft? Dominique Stroh greift diese Fragestellung an zentralen Stellen in ihrem Band auf und antwortet mit klaren Positionen wie: Erst probieren, dann weiterdenken, im Kleinen starten, durchaus schnell, aber auch preiswert, Learnings erarbeiten und daraus nächste Schritte ableiten. Hier spricht die Warnung: Nicht gleich alles umstellen!

Dominique Stroh bleibt ihrer Botschaft des Testens und Probierens treu, wenn sie neben neuen und hochaktuellen Instrumenten auch mutig auf bekannte Instrumente zurückgreift und eine Neubearbeitung empfiehlt. Agil bedeutet eben nicht, alles zu ändern, sondern kann auch heißen, vorliegende Tools und Methoden neu zu aktivieren und ›nur‹ etwas anders zu denken. Wer jedoch genau liest, bemerkt schnell, das Buch stellt zwar Tools in den Mittelpunkt, doch dahinter verbirgt sich noch eine andere zentralere Botschaft: Haltung geht vor Prozess! Dieses Anliegen betont die Autorin deutlich und warnt geradezu davor, Tools nur als Tool zu verwenden. Tools leben zwar von der Methode, wie sie eingesetzt werden, einen nachhaltigen Erfolg und eine dauerhafte Wirkung erzielen sie aber nur, wenn insbesondere die Führungskräfte eine entsprechende Haltung vorleben, einfordern und mit ihren Mitarbeitenden entwickeln. Dieser gemeinsame Prozess der Neugestaltung von Zusammenarbeit, bei dem Feedback und Austausch auf Augenhöhe erfolgskritische Faktoren sind, kann durch die hier vorgestellten Tools unterstützt werden, bedarf darüber hinaus einer permanenten Diskussion, einer Offenheit für unterschiedliche Gedanken und einer Neugierde auf die Ideen und Gefühle aller Beteiligten. Dominique Stroh fasst diese Überlegungen in ihrem Verständnis eines ganzheitlichen kulturellen Prozesses zusammen, der die Entfaltung der Werte im Hinblick auf u. a. Eigenverantwortung, Kritikfähigkeit, Selbstreflexion und Selbstorganisation fordert, fördert und erleben lässt.

Das vorliegende Praxisbuch, das die Autorin mit ihrer mehrjährigen Praxis zusammengestellt hat, lädt ein zu einer Reise an verschiedene Orte, die mit den 20 ausgewählten Tools inhaltlich bestimmt werden. Es ist begrüßenswert, wenn sich viele Reisende motiviert fühlen, mitzufahren.

Prof. Dr. Frank Strikker
Hamburg/Bielefeld, im Mai 2019

Einleitung

Was bedeutet es in der heutigen Zeit, die sich so schnell dreht, eine *agile Führungskraft* zu sein? Und bei all den *Scrum Masters, Agile Coaches* – bedarf es da überhaupt noch einer Führungskraft? Aktuell wandelt sich einiges. Die Komplexität nimmt zu und wirklich langsam dreht sich die Welt auch nicht. Nicht zuletzt verbringt man als Entscheider sehr viel Zeit in Meetings und fragt sich dabei, wo die eigene Zeit hingeht – und auch, ob der Führungsstil, den man sich selbst über viele Jahre erarbeitet hat, der Zeit angemessen ist. Vergessen dürfen wir auch nicht, dass die meisten Unternehmen im Kontext der Digitalisierung viele Initiativen, Changes oder Transformationen durchlaufen. Du als Führungskraft steckst mittendrin.

Je nachdem in welchen Unternehmen du arbeitest, seid ihr inzwischen schon überfrachtet mit möglichen Ansätzen wie *Scrum, Design Thinking* und Co und wisst gar nicht so recht, was jetzt wirklich zählt oder hilft?! Oder dein Unternehmen hat den Schuss noch gar nicht gehört bzw. fängt womöglich gerade an, »agil sein zu wollen«, und du bist einen Schritt weiter, hast aber nicht alle Beteiligten hinter dir, um agile Methoden auszuprobieren … Es kann auch sein, dass bei dir erste gute Ansätze laufen, du aber deine Rolle hierbei und eine mögliche Umsetzung noch finden möchtest. Es gibt unterschiedliche Szenarien, in denen du als Führungskraft derzeit stehen könntest.

So oder so ist es doch viel komplexer, »agil zu sein«; das gilt für gesamte Unternehmen, vor allem aber für dich als Führungskraft. Um Methoden wie Scrum, Design Thinking und *Lean Startup* gerecht zu werden, finden meistens Kick-offs, Workshops, natürlich auch große Transformationen statt.

Auf diesem ganzen Weg stellt sich als Führungskraft für dich die Frage: Wie kann ich das alltäglich anwenden? Welche konkreten Tools habe ich, um als Führungskraft agil zu sein?

Dieses Buch kann zu deinem täglichen Handbuch werden. Ein Geheimnis vorweg: Der Zauber um die Agilität lässt sich sehr leicht in den Alltag integrieren, indem du für dich die agilen Prozesse herunterbrichst. Es geht nicht immer darum, einen ganzen Prozess umzusetzen, viel mehr darum, sich auf die *Werte* des agilen Denkens zu besinnen. Um einen Wert herauszunehmen: nach Bedürfnissen zu schauen.

1

Nun sind wir zwar gerne auch auf uns bedacht, an dieser Stelle möchte ich allerdings die Bedürfnisse deiner Mitarbeiter, deiner Kunden und Kollegen hervorheben, die du als Führungskraft in der Verantwortung hast. Du wirst feststellen, dadurch werden auch deine eigenen Bedürfnisse erfüllt.

Welche Bedürfnisse, Wünsche, Erwartungen haben wir als Führungskraft?

Wir wollen ein tolles Umfeld schaffen, ein Team, das erfolgreich und effizient arbeitet, und Kunden, die gerne wiederkommen. Nicht zuletzt mehr Zeit. Mehr Zeit gewinnst du in der Regel, wenn es dir gelingt, ein Team aus außergewöhnlichen und erfolgreichen Persönlichkeiten zu entwickeln, die zielgerichtet arbeiten. Selbstorganisiert.

Es geht darum, deinen Führungsalltag zu strukturieren. Ich betrachte die agile Arbeitsweise als ein weiteres Management-Konzept. Darunter liegt vor allem eine Haltung und diese wird untermauert mit Prozessen. Es geht für dich darum, das Konzept deiner Führungspraxis zu erweitern.

Kommen wir nun zu der Leseanleitung für dieses Buch. Es ist egal, wo du anfangen möchtest: Dieses Buch habe ich nach zehn Jahren als Führungskraft und Beraterin, vor allem im agilen Umfeld, für dich geschrieben. Es soll dich ermutigen, Neues auszuprobieren und gleichzeitig – ohne große Bürokratie – Agilität im Kleinen für dich so zu nutzen, dass du sie täglich anwenden kannst. Hierbei ist wichtig zu erwähnen, dass *agil* nicht gleich *alles neu* bedeutet, sondern du Tools kennenlernst, also Führungswerkzeuge, die die Haltung des agilen Arbeitens spiegeln.

Sei es, um Meetings besser zu strukturieren – smart und agil, also »smargil« –, dein Team zu entwickeln oder deine Kunden besser zu verstehen: Die Toolbox gibt dir hier verschiedene Möglichkeiten. Wenn du neu in der Materie bist, habe ich am Ende des Buches (Kap. »Fragen!«) eine kurze Darstellung agiler Prozesse für dich »zum Reinkommen«. Zunächst liefert das Kapitel »Umdenken!« verschiedene Sichtweisen auf agiles Arbeiten, von Herausforderungen über Ideen und Erkenntnisse bis hin zu kleinen Fragestellungen auf dem Weg zu einer agilen Führungskraft. Als Experte kannst du auch direkt zu den Tools (Kap. »Handeln!«), wenn du nicht nochmal lesen möchtest, was *Agile Change* bedeuten kann oder wieso F. W. Taylor immer noch »lebt«.

Und nicht zuletzt findest du im Kapitel »Darüber reden!« verschiedene Sichtweisen auf das Thema Agilität. Ob Berater, Führungskraft in einem Konzern oder aus der Perspektive Glück – es wird sich der eine oder andere interessante Gedanke finden.

Wichtig für dich: Es handelt sich um ein Praxisbuch. Geschrieben aus dem Führungsalltag für den Führungsalltag. Ich habe bewusst auf wissenschaftliche Fundierung verzichtet, da tolle Autoren-Kollegen die Historie und Entwicklung der agilen Bewegung sehr schön in verschiedenen Büchern darstellen, die du im Literaturverzeichnis findest.

Es ist ein Buch zum »Selbermachen«. Wenn du dieses Buch nun in den Händen hältst, bedeutet das viel Arbeit, sehr viele Möglichkeiten zum Ausprobieren und Weiterdenken und einige Learnings.

Ein weiterer kleiner Hinweis: im Laufe der Jahre habe ich Methoden aus dem Scrum-Umfeld oder auch Design Thinking oder Lean auf meine Bedürfnisse als Führungskraft angepasst. Ich lade dich herzlich dazu ein, ebenso Anpassungen vorzunehmen, sodass die Methoden zu deinem Team passen.

Viel Spaß beim Lesen und Ausprobieren.

Abb. 1: Führungstools

Umdenken!

> *Lernen, ohne zu denken, ist eitel;
> denken, ohne zu lernen, gefährlich.*
> Konfuzius

Eine agile Ungeschichte

Guten Morgen, Welt! Dies ist für all die Unternehmen, die jetzt erst von der allseits beliebten Geschichte von Kodak, Videotheken und CD-Playern gehört haben.

Es ist doch verwunderlich, dass bei vielen Konferenzen oder bei der Lektüre von Büchern, wenn namhafte Experten verschiedene Unternehmensverläufe darstellen, immer noch ein Schock entsteht.

Verrückt, denn so, wie die Digitalisierung voranschreitet und Länder wie China uns als Industriestandort den Rang ablaufen, ist eines klar – wir müssen uns verändern. Nun ist Veränderung eigentlich kein neuer Zustand für Unternehmen, vielmehr ist es die Geschwindigkeit, die zu überraschen scheint.

Auch als Führungskraft ist Change inzwischen ein Dauerbrenner. Der Bewerbermarkt dreht sich und so wird von dir im Bewerbungsprozess inzwischen erwartet, dass du dem Mitarbeiter den Hof machst. Genauso entscheidend ist deine permanente Erreichbarkeit oder die Erwartung, dass du schnell Entscheidungen fällst und Projekte voranbringst – und das am besten »asap«. Sogar dein gesamtes Rüstzeug als Führungskraft obliegt dem Wandel der Gesellschaft. Inzwischen ist es wichtig, einen Führungsstil zu finden, der die Motivation der Mitarbeiter durchaus beeinflusst. Die verschiedenen Initiativen deiner Firma kosten dich wahrscheinlich immens viel Zeit in Meetings.

Und dann noch dein Kunde, der inzwischen eine echte *Customer Experience* erwartet – und mal ganz ehrlich, dir geht es doch genauso, oder hast du noch nie bei TripAdvisor geschaut, wie ein Hotel oder Restaurant bewertet wurde? Und du bist doch genauso dankbar, wenn deine Arbeit von deinem Chef oder Kollegen gesehen und – viel wichtiger – wertgeschätzt wird.

Es geht also um den Wohlfühlfaktor bei allen Beteiligten.

Somit sind wir schon beim eigentlichen Thema. Nämlich der Tatsache, dass es sich, wenn man sich das agile Manifest anschaut (vgl. »Was ist eigentlich agil?« unter »Fragen!«) oder die Grundsätze von Scrum, Design Thinking oder Lean, immer wieder um *Werte* dreht. Viele Unternehmen haben Unternehmenswerte, aber erst, wenn die Führungskräfte nach diesen als Vorbild agieren, wird auch danach gelebt. Mit der Agilität verhält es sich da ganz ähnlich: Erst wenn du als Führungskraft ein ernsthaftes Interesse hast, dein Mindset – noch besser, deine Haltung – mit den Werten der Agilität abzustimmen, wird eine Methode wie Scrum auch einen Einfluss auf deinen Unternehmensworkflow haben.

Als Unternehmensworkflow bezeichne ich einen ganzheitlichen kulturellen Prozess.

Stell dir mal folgendes Szenario vor: Im Management wird entschieden, eine agile Organisation zu gestalten, Agile Coaches sind die zukünftigen Führungskräfte und nun ist alles in Projektteams organisiert. Als nächstes werden Projektpläne für diese Transformation gestaltet – los geht's, voller Eifer voraus!

Kennst du wahrscheinlich, oder? Wenn nicht, ein anderes Szenario, das ich in meinem Berateralltag immer wieder erlebt habe: Aktuell arbeitet dein Unternehmen noch nach dem Wasserfall-Prinzip und nun soll alles agil werden, also wird die Entwicklung zukünftig nach Scrum gestaltet.

Und nun – wo liegt der Fehler in den oben beschriebenen Beispielen? Ein Unternehmen ist, wie es die Organisationslehre beschreibt, ganzheitlich zu betrachten. Das heißt, wenn ich etwa Scrum als Prozess einführe, um schneller und kundenzentriert zu entwickeln, dann ist es wichtig, die Menschen, die diesen Prozess leben werden, im Boot zu haben.

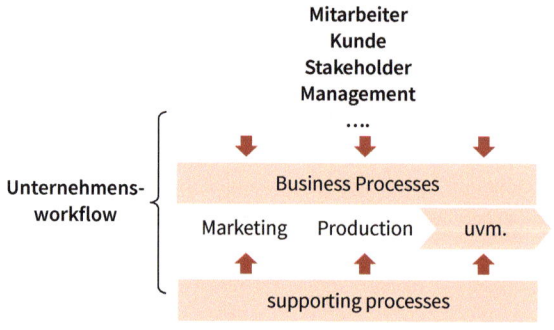

Abb. 2: Unternehmensworkflow

Was bringt Scrum, wenn die Führungskraft die Werte nicht lebt oder der Mitarbeiter den Sinn nicht versteht? Zudem ist zu beachten, wie ein Prozess in die Unternehmensabläufe passt. Auf der anderen Seite wird bei großen Transformationen zwar eine grundsätzliche Beachtung dem *Culture Change* geschenkt, sicherlich aber nicht in der Tiefe, in der eine Kulturfrage zu klären wäre. Reine Kickoff- und Workshop-Phasen als Change sind definitiv wertvoll und informativ. Aber nochmal: Eine Transformation bedeutet eine Umstellung auf hohem Niveau, und daraus folgt eine Verantwortung in Richtung Beteiligung: Wie viel darf die Mitarbeiterin denn mitgestalten, wie weit ist sie involviert? Wie gesund oder hektisch wird der Change vollzogen? Sind die »Treiber« alle gut ausgebildet, um als Führungskraft agil zu agieren? Weiß jeder, was dabei die Schwierigkeiten sind?

> **! Konkret!**
> Als **Unternehmensworkflow** ist somit zu verstehen, wie die involvierten Individuen (i. d. R. Mitarbeiter) einen Zustand im Unternehmen (aktuell den Zustand großer Veränderung) erleben und wie die Prozesse im Kontext der Veränderung, der Aufgabe und aller Teilnehmerinnen aufgehen, sodass optimale Performance sowie Motivation gegeben sind.

Solch ein Zustand bedarf der Prüfung vieler Parameter. Allerdings ist inzwischen bekannt, dass der Grund für das häufige Scheitern von Agilität bei der Einführung liegt – genauer beim fehlenden Einbinden. Unter uns, das ist erschreckend, denn Einbindung stellt ja gerade einen Wert im Agilen dar. Als Führungskraft möchte ich dir daher im Folgenden ein paar Wegweiser mitgeben, die zu beachten sind. Denn du bist maßgeblich für den Erfolg von Veränderungen in deinem Unternehmen verantwortlich. Es ist also auch wichtig zu wissen, was für Fehlannahmen zur Agilität kursieren – hier unter sieben Hashtags dargestellt. Anschließend kannst du voller Freude, aber auch in vollem Bewusstsein des Change mit dem Ausprobieren der Toolbox loslegen!

Vielleicht bist du irritiert: Immerhin hast du dir ein Buch gekauft, um eine noch agilere Führungskraft zu werden. Keine Sorge, das kommt noch. Agil ist ja eine Ableitung von Beweglichkeit. Das bedeutet für dich mehr Beweglichkeit im Denken – nicht zuletzt, um alle Seiten zu betrachten. Wenn man als Führungskraft agil arbeiten möchte, ist auch zu bedenken, was schieflaufen kann. Erst so ist agil ganzheitlich und hat die Chance, ernsthaft »gelebt« zu werden. Ebenso gilt es, den Blick auf Erfahrungen zu werfen, die andere gemacht haben. Denn agil sein heißt auch Lernen.

Einleitung

Umdenken!

Handeln!

Darüber reden!

Fragen!

Einfach machen!

2

Nicht den gleichen Fehler nochmal zu machen. Kommen wir nun zu den »Ungeschichten« der Agilität anhand von sieben Beispielen.

#1 Die Zukunft ist agil

Aktuell ist das Buzzword *New Work* in vielen Diskussionen. In dem Kontext wird natürlich auch darüber philosophiert, wie die »agile Bewegung« dort verankert ist. Interessant hierbei, dass New Work ganzheitlich vorgeht. So wird agil nicht nur als Scrum betrachtet und rein methodisch, sondern ein Verständnis für einen Wandel geweckt, der die komplette Aufbau- und Ablauforganisation deines Unternehmens bedenkt. Gleichzeitig betont agil den Aspekt, dass sowohl du als Führungskraft als auch alle deine Kollegen das Mindset hierfür brauchen.

Dennoch ist Agilität **nicht die allein mögliche Antwort** auf die allseits berüchtigte *VUCA*-Welt. VUCA bedeutet *Volatility* (Volatilität, Unberechenbarkeit), *Uncertainty* (Unsicherheit, Ungewissheit), *Complexity* (Komplexität) und *Ambiguity* (Ambiguität, Ambivalenz). Aber warum denken nun alle, dass Agilität genau diesem VUCA-Phänomen gerecht wird? Die größte Angst der Unternehmen ist die Unsicherheit, dass alles sich sehr schnell verändern kann. Agil, als Wort schon bezeichnend, verspricht schnelleres Arbeiten, bessere Ergebnisse. Hierzu später mehr. Dennoch gibt es große Herausforderungen, will man nur noch agil arbeiten.

Die Unsicherheit aufgrund fehlender Zuständigkeiten und Hierarchien ist mit die größte Problematik, die Unternehmen beim Einführen agiler Methoden feststellen. Nicht zuletzt verbunden mit dem Aspekt, dass alte Strukturen über Bord geworfen werden und nun Prozesse und Abläufe eine andere Umsetzung erfordern.

Nun die grundlegende Erkenntnis: **Wenn ein Unternehmen top-down eine agile Grundstruktur implementiert, ist klar, dass die, die es eigentlich umsetzen sollen (und zwar ab jetzt bitte autark und selbstorganisiert!), überfordert sind.**

Die Idee für das Dilemma: Sich in all der Hektik um Digitalisierung, New Work und Agilität *zu besinnen*. Dein Unternehmen macht ja nicht alles schlecht. Ganz im Gegenteil. Also:

- Was macht aus der bestehenden Organisation Sinn?
- Was ist ein Bestandteil, der auch Sicherheit vermittelt in unsicheren Zeiten?
- Was außer Scrum, Design Thinking, OKR (s. Kap. »Fragen!« u. Interview mit Thorsten Heilig) oder – noch wei-

ter gedacht – Holocracy gibt es noch am Markt der Organisationsentwicklung?
- Was passt zu deinem Unternehmen?

Mutig weitergedacht: Verbinde selbst deine Unternehmenswelt mit der agilen, denn es gibt noch nicht *die* Lösung oder *das* perfekte Konzept. Viele Unternehmen, besonders große oder traditionsreiche, sind stark am Ausprobieren.

Nutze hier am besten monatliche *Change Retros*, um zu lernen, was für deine Unternehmung Sinn macht oder eben nicht (vgl. Tool 3). Kürzere Absprachen und Reviews gelten nicht nur nach extern – gerne auch internes Lernen fördern!

Und bei alldem gilt, wenn du es ernst meinst mit einer agilen Arbeitsform: **bottom-up und nicht top-down.**

#2 Agilität bedeutet unsichere Planung

An der Stelle ist natürlich spannend, herauszufinden, woher dieser Trugschluss kommt bzw. wieso er sich schlichtweg bewahrheitet. Eines vorweg: Da agiles Vorgehen bedeutet, das Produkt/den Service im Verlauf anzupassen, gar zu verändern, ist es sehr verständlich, dass ein Gefühl von Unsicherheit entsteht. Das kommt daher, dass der Gesamtüberblick über den kompletten Projektverlauf nicht gegeben ist. Ganz nach dem Motto: *Der Weg ist das Ziel.* Meistens liegt die Unsicherheit allerdings an mangelnder Transparenz. Klar, denn funktionierende Produkte sind wichtiger als Dokumentation. So steht es ja auch im agilen Manifest niedergeschrieben. Dennoch gibt es dafür Lösungen – wenn wir uns dem nämlich etwas zuversichtlicher gegenüberstellen.

Ein Beispiel: Ein Automotive-Zulieferer hat ein Kamerasystem an seinen OEM (Original Equipment Manufacturer) zu liefern. Durch das Wasserfall-Modell hat der Kunde eher im späten Projektverlauf die Chance, einen Einblick zu erhalten, Absprachen sind nun einmal anders gestaltet. Im Worst-Case-Szenario, das die meisten aus der Automotive-Branche kennen, kommt es nun zu unterschiedlichen Meinungen trotz Requirements und – noch eins oben drauf – die Qualität des Projektverlaufes ist nicht nach den Vorstellungen des Auftraggebers. Und nun?

Ist das etwa eine sichere Planung? Wenn das jetzt ein agiles Projekt wäre, in dem bei den jeweiligen *Sprints* der Kunde sein Feedback geben könnte, wären die Resultate für ihn wie für das Projektteam in kurzer Zeit sichtbar und noch anpassbar. Alle Beteiligten stehen permanent im Austausch für eine zielführende Produktentwicklung, zugleich lernen sie an den jeweiligen Sprints und werden sogar besser. Auch Kostenstruktur und Qualität können nah am Produkt bzw. Service gestaltet werden. Natürlich ist für diese Idealwelt einiges zu beachten.

Die Idee für das Dilemma: Als Allererstes ist es wichtig, **eine Vision zu haben**, zu gestalten und zu kommunizieren, da sich das Produkt/der Service nun mal im Verlauf ändert. Dies gibt allen Beteiligten ein Gesamtziel und damit zugleich Sicherheit. Auch der Sinn wird dadurch vermittelt: »Warum mache ich das hier überhaupt?!«

Es bietet sich außerdem an, für mehr Transparenz zu sorgen, indem ein analoges Kanban-Board (vgl. Tool 2) für die Dailys eine Übersicht gibt. Dadurch sind Aufgaben und Verantwortlichkeiten dargestellt und es gibt ein Bewusstsein, wo das Projektteam steht. Auch Aufgaben können dadurch priorisiert und bei Bedarf Unterstützung ermöglicht werden, wenn in einem Bereich Schwierigkeiten auftreten. Und zuallerletzt, verbinde Aspekte aus dem klassischen Planen wie bspw. Wasserfall mit dem Agilen und nehme die besten Teile/Prozessschritte hieraus.

#3 Agile Arbeit ist ganz leicht umsetzbar

Zunächst einmal: Was *ist leicht* am Agilen? Äußerlich betrachtet sogar jede Menge. Picken wir uns mal den Scrum-Prozess und Design Thinking heraus. Beide Methoden haben eine ganz übersichtliche Prozessdarstellung. So ist im Design Thinking der Prozess auf fünf, manchmal sechs Schritte definiert (je nach Agile/DT Coach). Im Scrum gibt es neben dem Prozess fest definierte Rollen und Artefakte. Dass die Darstellung und Umsetzung grundsätzlich klare und feste Parameter hat, macht es leicht.

Kommen wir aber mal zur komplexen Seite.

Agiles Arbeiten verlangt sehr viele kulturelle Veränderungen wie Eigenverantwortung, Kritikfähigkeit, einen gewissen Reifegrad und Bereitschaft zur Selbstreflexion. Jeder von uns kennt die Situation, dass verschiedene Abteilungen nicht bedacht miteinander arbeiten. So zeigt die Erfahrung immer wieder, dass Vertrieb und Marketing sich nicht wirklich gut verstehen und eher auf unterschiedlichen Erwartungen beharren oder dass das Controlling die Kosten beachtet, während die Vorausentwicklung noch mehr Investition benötigt, anstatt Planungssicherheit zu vermitteln.

Es gibt eine unendliche Aufzählung von systemrelevanten Störungen in Unternehmen, die über die Jahre entstehen.

Und plötzlich! – Alles wird agil und ein Kanban-Board schenkt komplette Transparenz und unterstützt sogar die tägliche Abstimmung zwischen zuvor verstrittenen Abteilungen!?

Wie du feststellst, ist die Methode als solche nicht zwangsläufig die Schwierigkeit. Vielmehr ist es der Faktor Mensch. Dahinter die aktuelle Unternehmenskultur, bestimmt von den Menschen, die in dieser arbeiten.

Die Idee für das Dilemma: Wie schon an anderer Stelle beschrieben, ist es wichtig, eine Vision zu haben. Mit dieser Vision sollte ein erstes Team aus Menschen zusammenkommen, die auf der einen Seite sehr heterogen sind, aber – ganz wichtig! – offen für eine neue Organisationsform bzw. Methodik. Dieses Projektteam ist der Pilot zur neuen Strukturierung. Also gilt in dieser Gruppe: probieren, probieren, probieren und vor allem lernen. Denn jede Organisation und die Kultur dahinter sind anders. Durch die Projektgestaltung, vor allem aber die Dailys und Retros lernst du als Führungskraft extrem viel. Nämlich, welche Schwierigkeiten die Kollegen haben, was sie noch brauchen, um agil zu arbeiten und welche Herausforderungen daraus entstehen. Mit dieser möglichen Herangehensweise hast du zudem die Chance aus diesem Team wiederum Change Manager zu gewinnen, die nachträglich bottom-up die gesamte Einführung unterstützen.

#4 Scrum und Co sind reine Methoden
Ein häufiger Fehler bei der Auswahl der richtigen Methode für ein Unternehmen, eine Abteilung oder ein Projektteam ist es, einfach einem Trend zu folgen. Agile Methoden sind hip und das aus gutem Grund. Aber bei der Methodenwahl muss die Frage nach den Bedingungen und Bedürfnissen gesamtheitlich in der Organisation betrachtet werden. Sofern die Mitarbeiter in dem, was sie tun, erfolgreich sind, wundern sie sich: Warum jetzt was Neues? Und Gewohnheitstiere reagieren erst recht argwöhnisch.

Ein weiterer sehr wichtiger Punkt ist die Fehlertoleranz, vor allem, ob diese in der Kultur bislang gegeben war. Denn gerade über Fehler sprechen ist zu Anfang nicht jedermanns Stärke. Wer redet denn auch schon gerne über das, was schiefgelaufen ist? – Aber genau das ist es, wodurch man besser wird: indem man lernt. Diese Kultur gilt als Erste zu adaptieren, da sonst jede Methode aus dem agilen Werkzeugkoffer zum Scheitern verurteilt ist. Wie du gerade mer-

Einleitung

Umdenken!

Handeln!

Darüber reden!

Fragen!

Einfach machen!

ken wirst, ist auch hier die Kulturfrage wieder ein großes Thema. Das zeigt sich auch in Studien, die Agilität genauer untersucht haben: Es kommt auf den kulturellen Rahmen an und wie ernsthaft die agilen Werte gelebt werden.

Am Ende geht es daher nicht darum, eine einzelne Methode korrekt umzusetzen, sondern vor allem, den Projektteams die Freiheiten und Strukturen zu ermöglichen, die sie brauchen, um sich selbst zu organisieren. Dazu ist häufig ein gewaltiger unternehmerischer Wandel notwendig. Aus Sicht der Führungskraft, die bereit ist, erste Versuche zu starten (da du dieses Buch gerade liest, gehe ich davon aus) gelingt diese Umstellung nur, wenn du selbst in deiner Einheit die Strukturen schaffst, aber auch an deinem Mindset arbeitest. Ich kann dir jetzt schon versprechen, Geduld ist wirklich eine Tugend. Bis dahin erfordert der agile Wandel aber viel an Reflexion und Bewusstsein für eigene Verhaltensmuster und Denkweisen.

Die Idee für das Dilemma: Einfach das Buch weiterlesen ... und sich ernsthaft mit dem Mindset des agilen Arbeitens auseinandersetzen. Welche Werte stehen hinter all den agilen Methoden und was bedeutet das für dich als Führungskraft? Und was bedeutet es für Unternehmen in der Umstellung und der Gestaltung von einer Unternehmenskultur?

#5 Agilität bedarf keiner Führung

Der König ist tot, es lebe der König – so oder so ähnlich darf man sich die aktuelle Diskussion um selbstorganisiertes Arbeiten unter der Berücksichtigung von Agilität vorstellen. Andere sehen schon die Gefahr der Anarchie. Doch wer hat denn gesagt, dass Agil gleich bedeutet, es bedarf keiner Führung?

Der Wunsch nach Selbstverwirklichung und Entwicklung und Feedback ist den meisten Mitarbeiterinnen sogar sehr wichtig. Vielleicht fühlen sich Führungskräfte bedroht, die bis dato immer noch Mikromanagement betreiben und ihren Mitarbeitern kaum Raum zur Entwicklung ermöglichen. Naja – dieses Königreich ist wahrscheinlich wirklich tot.

Warum aber ist Führung dennoch sinnvoll?

Führen bedeutet in heutigen Zeiten auch, einen pädagogischen Auftrag zu erfüllen. Es gilt, Mitarbeiterinnen in deren Potenzialen zu entwickeln und zu fördern. Nun war das nicht immer so, denn gerade Taylor wusste besser, dass Hand- und Kopfarbeit getrennt gehören und es doch eher die passende Arbeitsteilung ist, um unnötige Einarbeitung zu meiden. Agile Teams brauchen Führung, aber anders.

Es geht vielmehr darum, als Führungskraft *am* System zu arbeiten als *im* System. Das zeigt sich auch im Ansatz von Management 3.0. Als Führungskraft reflektierst du aus der Metaebene (Ferne) die Zusammenarbeit und Performance, verstärkst durch Lob und bringst durch kritisches Hinterfragen die Mitarbeiter zum Nachdenken, was ihnen wiederum die Chance gibt, besser zu werden, sich gar schneller zu entwickeln. Der Ansatz ist coachend und steigert durch sehr viel Selbsterkenntnis ihre Effektivität und Bereitschaft, Verantwortung zu übernehmen. Auch der Ansatz der transformationalen Führung beschreibt eine Führungskraft von heute als einen Visionär, der zugleich auf Mitarbeiterbedürfnisse eingeht, ebenso als Coach zu Seite steht, fordert, aber auch intellektuell fördert.

Die Idee für das Dilemma: Wir werden in den folgenden Kapiteln noch näher die Perspektive **agil und führen** einnehmen. Dennoch sei an der Stelle zu empfehlen, dass du dich mit deinem Führungsverständnis auseinandersetzt. Was bedeutet Führung für dich? Wie siehst du dich? Um dem Ganzen die beste Chance einer Reflexion zu ermöglichen, ist es sinnvoll, einfach mal deine Mitarbeiterinnen zu fragen. Ich erlebe immer wieder, dass viele Führungskräfte sich nicht trauen, ihre Mitarbeiter zu fragen, was sie von ihnen halten. Allerdings sind Vertrauen schaffen und ehrliches Feedback – und das beidseitig – die einzige Chance, ein neues Verständnis von sich und agiler Führung zu ermöglichen. Wer, wenn nicht deine Mitarbeiter, die dich täglich an der Backe haben, können auch dich weiterentwickeln? **Führung funktioniert auf Augenhöhe,** also traue dich auch, von deinen Mitarbeiterinnen zu lernen.

#6 Agil bedeutet, Mitarbeiter dürfen tun und lassen, was sie wollen

Wie vorab beschrieben, verschwinden Mikromanagement, starre Strukturen und Vorgaben ohne Sinn aus dem Alltag von agilen Teams. Es wird ein dynamisches Umfeld geschaffen, in dem die Zusammenarbeit selbstorganisiert und selbstlernend funktioniert. Umso wichtiger ist es, einen Rahmen zu geben, in dem die Beteiligten arbeiten. Denn locker-flockig ist agil sicher nicht: Es bedarf jeder Menge Drive, um selbstständig im Sprint zu arbeiten und schnell zu lernen, wenn etwas nicht klappt.

Aber klar ist, dass in den Sprints freier gearbeitet wird und auch die Retros ein Prozess der Mitarbeiter sind. Das Einmischen als Führungskraft und Besserwissen sind hier fehl am Platz. Vielmehr geht es darum, einen Rahmen zu schaffen durch Dailys, Retros und die Organisation der Sprints. Wenn das nicht gründlich strukturiert wird und Scrum Master, Agile Coach oder Führungskraft sich komplett rausnehmen, kommt es dazu, dass Teams durch fehlende Flanken und wenig Kommunikation eine chaotische Richtung einschlagen.

Aber mal unter uns, ob agil oder eben nicht: Als Führungskraft bist du ein Vorbild, meistens vor dem Hintergrund, dass du mehr Erfahrung hast. Also ist es doch klar, dass es darum geht, einen Rahmen zu schaffen, in dem effizient gearbeitet wird. Da ist es völlig egal, welche Management-Methode du anwendest, wenn du nicht hinterher bist, tanzen selbstverständlich die Mäuse auf dem Tisch. In einem viel freieren Arbeitsmodell mit dem Ziel, die Eigenverantwortung zu stärken, sodass dein Team selbstorganisiert arbeitet, ist die Herausforderung folgende: zu entscheiden, wann ein Coaching und Hilfestellung nötig sind und wann es darum geht, dass die Kollegen selbst lernen.

Idee für das Dilemma: In der Toolbox wirst du später tolle Methoden finden, um mit deinem Team gemeinsam eine Struktur aufzustellen. Aber was du jetzt schon mal klären kannst: Welche Prozesse lassen sich über ein Kanban abbilden? Wo möchtest du dein Produkt oder deinen Service verbessern? Oder eure Arbeitsweise? Hieraus kann eine Vision entstehen. Mit dem Kanban und dem Zielbild ist dann das Daily eine gute Methodik, um Aufgaben auf täglicher Basis abzustimmen. So arbeitet dein Team strukturiert und jeder weiß, was zu tun ist.

#7 Agile Methoden müssen ganzheitlich eingeführt werden

Ja klar – wenn du deine Kollegen überfordern möchtest – *feel free!* Jetzt aber mal ganz ehrlich. Bedenke, deine Mitarbeiterin hat sich ein Umfeld geschaffen, das sie gut kennt, in dem sie sich als Profi empfindet. Nun kommst du oder dein Unternehmen um die Ecke, alles wird agil, »wir arbeiten jetzt nach Scrum«.

Eine andere Überlegung: Du möchtest dein Unternehmen oder deinen Bereich agil gestalten, weißt aber gar nicht, wie du das, ohne dass alles betroffen ist, umsetzen sollst, nicht zuletzt mangels Freigaben deiner Vorgesetzten. Hier fing meine Geschichte an, wieso wir jetzt das Vergnügen in Form dieses Buches haben, nach all der Erfahrung, die ich gesammelt habe.

Scrum, Design Thinking, Lean oder Tools wie bspw. Business Model Canvas usw. haben unterschiedliche Artefakte, Prozessschritte oder Bausteine. Keine der agilen Herangehensweisen kann völlig losgelöst betrachtet werden, vielmehr ergänzen sie einander. Zudem muss es auch nicht gleich der ganze Scrum-Prozess sein. Oder eine andere Frage: Wieso muss man Design Thinking komplett durchspielen? Du kannst genauso die Kreativphase nutzen, um ein Meeting mal wieder etwas aufregender zu gestalten. – Du merkst sicher langsam, worauf es hinausläuft.

Es geht darum, im Kleinen zu denken. Täglich ein bisschen agil zu sein, um immer agiler zu werden. Anstatt gleich alles zu wollen, den großen Change – und keiner weiß mehr, wo hinten und vorne ist.

Du und dein Team, Ihr habt die Chance, im Verlauf dieses Buches etwas auszuprobieren, optimal sogar weiterzuspinnen, wie man eine Methode alltagstauglich macht und dadurch schneller ausprobieren kann. Sei kreativ und mutig, das, was interessant für dich ist, einfach mal zu machen. Du hast die Chance, bewusster und agiler zu arbeiten, wahrscheinlich sogar nachhaltiger. Mache dir die Werte bewusst und suche dir danach erste Tools aus.

Die Idee für dein Dilemma: Schau dir gerne auf den hinteren Seiten die agilen Grundbausteine an. Was ist agil? Was ist Scrum, Design Thinking, Lean etc.? Suche dir aus den Tools und Beschreibungen das heraus, was dein Team und dich glücklicher, effizienter und erfolgreicher macht.

Ein kleiner Tipp bei der Einführung neuer Methoden, wenn du etwas startest, frage immer erst dein Team und besprich das Wie gemeinsam. Und als Ergänzung: Agil im Kleinen gestalten ist inzwischen *auch* herausfordernd, da viele Unternehmen bereits im Change sind. Aber auch hier gilt: Wenn große Prozesse schon angelaufen sind, kannst du deinem Team sehr viel mehr Sicherheit geben, indem du das richtige Mind- und Toolset für den täglichen Gebrauch im Werkzeugkoffer mit dir trägst.

Produktionsfaktor Mensch – und jetzt agil?!

Ist es so, dass Führungskräfte alles selbst machen müssen? – Wer kennt den Spruch nicht: »Ich mache es lieber selbst, dann weiß ich, dass es auch richtig gemacht ist.«

Häufig unterliegt dieser Einstellung ein gewisses Menschenbild, das wir in uns tragen. So ist es auch mit vielen anderen Glaubenssätzen und Einstellungen, die wir im Laufe unseres (Berufs-)Lebens sammeln. Obwohl wir uns dessen selten bewusst sind, bestimmen sie dennoch täglich unseren Umgang mit unseren Mitmenschen oder Situationen. Das gilt natürlich auch für den Umgang mit Mitarbeitern in Organisationen. Das Menschenbild innerhalb einer Organisation

2

bestimmt deren Gestaltung. Das wiederum lässt sich in der Unternehmens- und Führungskultur ablesen.

Ich erinnere mich noch gut an eine der ersten BWL-Vorlesungen, als es um den Produktionsfaktor Mensch ging. Die Ökonomik betrachtet die Menschen, die in Organisationen in abhängiger Stellung arbeiten, als Produktionsfaktoren und Mittel zum Zweck. Nicht, dass man als Angestellter, gerade montagmorgens beim ersten Wachwerden mit einem Kaffee, nicht auch denkt, die Arbeit ist Mittel zum Zweck ... nun gut, kommen wir aber wieder zum Eigentlichen. Legen wir mal einen weiteren Begriff in die Waagschale: Human Resources.

Der Mensch ist also eine Ressource. Welches Menschenbild hat also scheinbar zu damaligen Zeiten vorgeherrscht und was lässt sich daraus für unser heutiges Handeln schließen?

Es ist schon verwunderlich, wie sehr Menschen auf ihre Funktionalität hin reduziert wurden. Umso interessanter, dass nun, wenn es um selbstorganisierte Teams geht, nicht selten ein Mitarbeiter sagt, »Ich möchte aber gar kein Unternehmer im Unternehmen sein, welche Aufgaben habe ich und wer gibt mir klare Anweisungen?!«.

Das ist eine sehr normale Reaktion für jemanden, der viele Jahre, gar Jahrzehnte in einem hierarchischen Konstrukt von oben Anweisungen erhalten hat.

Andere finden es aber spannend, wollen frei arbeiten können und selbstbestimmt. Oft unterliegt diese Unterschiedlichkeit dem »Generationenkonflikt« – wir haben alle unterschiedlich gelernt zu arbeiten, ja nachdem, wann wir in die Arbeitswelt eingetreten sind.

Gerade die Generation der Babyboomer ist geprägt von einem großen Leistungswillen: Die Arbeit und die damit verbundene Karriere stehen oben in der Bedürfnisstruktur. Somit sind viele Mitarbeiter sehr danach gegangen, »was der Chef sagt, wird gemacht, ich will ja weiterkommen«. Übrigens ist zu der Zeit auch der Begriff »Workaholic« geprägt worden.

Was gesellschaftlicher Wandel so mit sich bringt ...

Denn Themen der heutigen Generation sind es – neben Liebe über Tinder oder einem einfühlsamen Gespräch mit Siri und Alexa – auch, Fair Trade einzukaufen oder einen Sinn zu verstehen in der Lebens- oder Arbeitsweise – und

Work-Life-Balance ist selbstverständlich, denn man will ja viel auf Reisen gehen, die Welt sehen.

Wenn du jemanden fragst, der aus der Generation Y kommt, oder du bist selbst genau hier zu finden, dann geht es meist um den Sinn – deswegen auch Y = Why. Es geht darum, sich entfalten zu können, die Aufgabe soll Anspruch haben. Warum sollten wir denn sonst studiert haben oder eine tolle Ausbildung machen, wenn nicht wegen einem sinnvollen Anspruchsdenken und Arbeitsumfeld?

Kleine Anekdote: Eine Führungskraft meinte vor kurzem in einem Gespräch mit mir: »*Als man mir damals sagte, spring, fragte ich, wie hoch … Nun werde ich, wenn ich meinem Mitarbeiter eine Aufgabe geben möchte, gefragt: wieso?*«

Da sind wir auch schon bei den Unterschieden, die sich inzwischen in verschiedenen Unternehmen durch deren Vielfalt an Mitarbeiterinnen findet …

Es gibt verschiedene Generationen, Lebenseinstellungen, Charakteristika an Mitarbeitern. Jeder von ihnen hat verschiedene Bedürfnisse an seinen Arbeitsplatz oder seinen Chef und ist geprägt von der Zeit, die er/sie in dem Unternehmen/der Arbeitswelt bereits verbracht hat – aber auch vom technischen Fortschritt – oder hattest du mit vier Jahren schon ein Smartphone?

Wie du schon raushörst – unsere Werte und die Einstellung haben sich gedreht. Bedingt durch den Wandel der Wirtschaft, der wiederum die Gesellschaft prägt. Und so hat sich auch der Produktionsfaktor Mensch zu einem Kollegen auf Augenhöhe entwickelt.

Abb. 3: Die Führungskraft jongliert mit der Zukunft

2

Ein schöner Weg, zugleich herausfordernd für dich als Führungskraft, denn nun stehen Sinn und Leistung nah beieinander. Es ist wahrscheinlich die anspruchsvollste Zeit, die eine Führungskraft je hatte. Denn selbstverständlich geht es nach wie vor um Leistung, diese aber zu fordern funktioniert nicht mehr über »command and control«, es ist das Miteinander, das du kreierst. Sinnstiftend, inspirierend und zugleich zielorientiert – es geht um deine Haltung.

Und jetzt? – Alles agil.

So ein Wandel stellt doch viele Herausforderungen dar. Immanuel Kant hat damals schon gewusst, *dass ein Mensch niemals nur Mittel zum Zweck, sondern immer auch das Ziel des Handelns darstellt*. Aber diesen Taylor erst einmal aus den Köpfen zu bekommen, ist alles andere als schnell möglich. Bis heute haben eine klare Arbeitsteilung und Trennung von Hand- und Kopfarbeit in Unternehmen einen festen Platz in der Ideologie.

Aktuell erkennen die Unternehmen, dass sie durch den Wandel der Digitalisierung hinten dran sind, und verfallen oft in Aktionismus. Kulturell wie auch technologisch. Sie suchen Lösungswege, die sich bei anderen Projekten mehr oder minder bewährt haben. Dabei ist es gerade bei dieser Art von Transformation, die auf eine Veränderung der Kulturebene abzielt – nämlich alles nun agil –, zwingend notwendig, die gewohnten Problemlösungspfade zu verlassen, um das angestrebte Ziel zu erreichen.

Und zum Schluss, wieso muss denn jetzt eigentlich alles agil sein?

Gerade viele große Firmen kämpfen mehr mit dem Change, als dass er schon funktioniert. Klar, denn es gibt bis jetzt überhaupt noch keine substanzielle Lösung, wie Unternehmen der Zukunft gestaltet werden können, um dem Markt, gar der neuen Arbeitswelt gerecht zu werden. Auch was Führung heute oder in der Zukunft bedeutet, lässt noch viele Fragezeichen offen.

Was aber viele Unternehmen aktuell zu tun haben, ist zu lernen. Was läuft gut im agilen Kontext? Was nicht? Was passt zu meiner Organisationsform und wie sieht die Arbeitswelt meines Unternehmens zukünftig aus? Denn wenn man einen nachhaltigen agilen Prozess gestalten möchte, gilt es erst zu verstehen, was der Change mit sich bringt, welche Herausforderungen, um schlussendlich wieder Lösungen zu finden. Peter Drucker lässt sich bis heute gerne zitieren: »In times of change the greatest danger is to act with yesterday's logic«.

Agile Leadership – um was es eigentlich geht

Hast du, wenn du dich mit dem Thema Führung beschäftigst, mit den Werten und Prinzipien der dienenden Führung auseinandergesetzt? – Spätestens heute schauen wir uns nämlich genau diesen Führungsstil etwas näher an. Es liegt in der Natur der agilen Sache, auch den eigenen Führungsstil zu betrachten und heutige Management-Konzepte daran anzupassen.

Der ein oder andere fragt sich, »warum das denn?! – Ich will doch nur agile Tools lernen!« Stell dir dazu folgendes vor – und jetzt kommt das Verrückte daran, es beruht auf wahren Begebenheiten.

Du stellst fest, dass deine Prozesse in deiner Abteilung laufen, aber doch eher befriedigend, hinzu kommt eine durchwachsene Stimmung unter deinen Mitarbeitern. Sachlich ergründet und weil es ja irgendwie grad' im Trend ist, bedienst du dich eines Kanban-Boards, und kombinierst es mit einem Daily. Et voilà: Prozesse und Stimmung mit einem Toolmix gelöst. Gesagt, getan. Wochen später beschweren sich alle, wieso du das eingeführt hast, was das eigentlich soll und wieso überhaupt diese Veränderung? …

Was ist passiert?

Ich mache es auch kurz und bündig. Du hast reagiert, wie dein Führungsstil sich über die Jahre entwickelt hat: von oben eine Anweisung erteilt. Selbst entschieden, das Board einzuführen, die Prozesskette bestimmt und dann täglich diesen Führungsstil am Kanban-Board repräsentiert. Ob bewusst oder unterbewusst. Warum das so nicht funktioniert? – Gute Frage!

Ein Management-Konzept wie *Management by Objectives* oder das immer stärker aufkommende agile Arbeiten hat als Komplementär einen passenden Führungsstil. Wie mehrfach beschrieben, auch in diesem Buch, ist ein Tool ohne passendes Werteverständnis aus dem agilen Werkzeugkoffer eher eine Waffe als eine Lösung. Die oben beschriebene Führungskraft hätte mit einem *agilen* Ansatz anders agiert. Nämlich mit dem richtigen Mindset: Haltung vor Prozessen!

2

> **! Agile Umsetzungsidee**
>
> Die agile Führungskraft stellt fest: Wir haben ein Problem in den Prozessen und mit der Stimmung. Wissend, dass sie ihre Meinung noch nicht klar begründen kann, wird sie nun im nächsten Schritt die einzelnen Mitarbeiter interviewen, wie denn die Stimmung ist und was die Zusammenarbeit besser machen könnte – und zum Schluss, was an Prozessen fehlt. Nach den Interviews (Mitarbeiter-Insights) gibt es ein rundes Bild der Problemstellung. Hieraus sucht sich die Führungskraft ein Team aus Vertretern jeder Abteilung zusammen (je nach Abteilungsgröße 3–5 Mitarbeiterinnen) und erarbeitet mit diesen gemeinsam einen Kanban-Prozess inklusive Austausch im Daily. Somit klären sich die Kultur und der Prozess.

In dieser groben Skizzierung einer agilen Umsetzung werden ein paar Werte im Vorgehen der agilen Führungskraft ersichtlich. Wichtig zu erkennen: Nicht meine Meinung zählt, sondern ein breites Bild aus verschiedenen Meinungen. Daraus resultiert allein schon das Thema **Feedback und Reflexion**. Weil diese Führungskraft ihre Mitarbeiter in den Erarbeitungsprozess involviert hatte, hatten diese die Chance, **mitzuentscheiden und zu gestalten**. Der Change-Prozess war zudem für alle Mitarbeiter **transparent**. So konnte eine neue Arbeitsweise gemeinsam anhand der Reflexion gestaltet werden, alle waren von Anbeginn **Teil der Veränderung** und haben diese maßgeblich entworfen.

Allein das Wort Blickwinkel lässt darauf schließen, dass sich hinter den Aussagen verschiedene Ansätze verstecken. Wir werden uns das aus der interessanten Perspektive des dienenden Führungsstil genauer ansehen, um dein Management-Konzept zu erweitern. Also …

agiles Management Führung & Governance von kreativen Teams	komplexes Denken komplex vs. kompliziert
Menschen anregen Motivation	Rahmen schaffen Klarheit über Sinn und Zweck
Teams befähigen Selbstorganisation, Delegation, Befähigung	Kompetenz aufbauen Die 7 Stufen der Kompetenzentwicklung
Strukturen entwickeln dynamische Strukturen	Alles verbessern kontinuierliche Verbesserung

Abb. 4: Die acht Blickwinkel von Management 3.0 als Ansatz agiler Führung (nach Appelo 2011)

Der dienende Führungsstil als mögliche Antwort zu Agile Leadership

Wer das Buch «From Good to Great» von Jim Collins kennt, weiß, dass der nachhaltige Erfolg von Weltspitze-Unternehmen vor allem mit den Persönlichkeiten der CEOs zusammenhängt. Interessant ist, dass meist bodenständige, fast demütige, aber entschlossene Personen hinter den erfolgreichen Führungskräften stecken. Sie haben ihr Umfeld, also ihre Mitarbeiter, den Markt und ihre Kundinnen im Blick, nicht sich selbst. Bei dem dienenden Führungsstil »Servant Leadership« agiert die Führungskraft nach starken Werten, eher uneigennützig und gerecht zum Wohle ihrer Mitarbeiter.

Laut Greenleaf und Spears (2002/1977) hat ein dienender Vorgesetzter folgende Prinzipien:

1. Wohlbefinden seiner Mitarbeiter
2. ermuntert zu mehr Verantwortungsübernahme
3. entwickelt das persönliche Wachstum seiner Mitarbeiter
4. erst kommt der Mitarbeiter, dann die eigenen Bedürfnisse
5. Werteorientierung, die auch außerhalb des Schaffens noch wirkt
6. ist Fachmann und weiß, wie ein Unternehmen als System funktioniert
7. Fairness, Gerechtigkeit und ein ehrlicher Umgang sind selbstverständlich

Dienende Führung schafft das Klima für mehr Leistung. Das heißt aber auch, die Bereitschaft zu haben, stärker auf die Sense-&-React-Gedankenmodelle als auf die tayloristischen Plan-&-Control-Gedankenmodelle zu setzen. Hierfür braucht die Führungskraft die Fähigkeit, die Mitarbeiterinnen durch das Gestalten von notwendigen Rahmenbedingungen sowie durch kontinuierliches Coaching erfolgreich zu machen. Wie vorhin erwähnt: Führung heute ist komplexer denn je.

Abb. 5: Führung neu gedacht

2

Wir drehen die Pyramide also einmal auf den Kopf. *Servant Leadership* ist aus agiler Sicht ein Dienst, um dem Kunden das bestmögliche Produkt/den bestmöglichen Service zu bieten und den Mitarbeitern einen sinnstiftenden, zugleich anspruchsvollen Arbeitsplatz zu ermöglichen. **Mitarbeiter folgen dir, weil sie es wollen, nicht, weil sie es müssen.**

Robert Greenleaf wusste also schon 1977, was die agile Welt als möglichen ersten Ansatz braucht – Servant Leadership (vgl. Greenleaf/Spears 2002/1977). Er wusste schon damals, dass Führung nichts Machtbezogenes ist, sondern ein Wir bedingt, nämlich die Beziehung zwischen dem Mitarbeiter und dem Chef. Es geht also um deine *Haltung* als Führungskraft! Hierbei ist eines zu erwähnen: Wenn du den Gedanken des Servant Leadership bildlich umsetzt, ergibt sich idealerweise keine Pyramide, sondern eher ein Kreis, ein Netzwerk – also Arbeiten auf Augenhöhe.

> **!** **Man arbeitet nicht agil, man ist agil.**
> In Zeiten der Veränderung wird eine Führungskraft nur dann den schnellen Wandel gestalten können, wenn sie die Veränderungskompetenz aufweist, das eigene Verhalten zu hinterfragen, und wenn sie sich und das Umfeld wegweisend und wertebewusst führt.

Also, was ist nun zu tun, um als agile Führungskraft mit den Prinzipen des Servant Leader durchzustarten?
- Befasse dich mit deinen Werten: Was ist dir wichtig als Person, als Führungskraft und Mensch? Und welche Glaubensätze hast du? Erst ein Bewusstsein hierfür gibt dir die Option, dein Handeln zu verstehen (auch wenn dieses nicht in jedem Moment bewusst ist).
- Gehe auf deine Mitarbeiter zu, lass dir Feedback geben zu ihrer Erwartung an dich und ihren Wünsche *und* dazu, was sie zu geben bereit sind in einem Umfeld, dass sie erfüllt.
- Setze dich mit den agilen Grundprinzipien und Werten auseinander.
- Nun sind die Methoden dran, was gibt es denn überhaupt?
- Suche dir aus der Toolbox mindestens drei Tools aus, die du direkt ausprobierst.

Handeln! 20 Tools für deinen Führungsalltag

Du wirst immer wieder etwas Törichtes tun,
doch tu es mit Hingabe!
Colette

TOOL 1 – DAILY

Was hat es damit auf sich? (Hintergrund)

Das Daily, wie das Wort schon sagt, ist ein (tägliches) Meeting- oder Kommunikationsinstrument. Es stammt aus dem agilen Projektmanagement und findet sich als Daily Scrum in vielen Entwickler-Teams wieder. Die Bezeichnung «Daily Scrum» suggeriert zwar, dass solche Meetings täglich stattfinden, eigentlich geht es aber um die Regelmäßigkeit. Also ist es wichtig, den Bedarf bei dir abzuschätzen, am besten mit deinem Team gemeinsam. Nur ausfallen sollte es nicht. Denn es dauert, bis ihr den Dreh raushabt und es konsequent einhaltet. Die Idee dahinter ist es, nicht in ewigen Meeting-Marathons zu sitzen, sondern sich regelmäßig abzustimmen und den Austausch zu fördern. Kurz und knackig. Oft wird Scrum als solches, also auch die verschiedenen Tools oder Methoden, mit einem Entwicklungsprozess gleichgesetzt. Das liegt daran, dass Scrum damals aus der IT-Entwicklung heraus gegründet wurde. Allerdings ist das Daily in jeder Unternehmenseinheit anzuwenden, in der mehrere Kollegen zusammenkommen und Aufgaben als Team gestalten oder einer gemeinsamen Sache zu arbeiten. Mit dem Format wird dein Unternehmen/dein Bereich flexibler und schneller. Durch ein klares Vorgehen ist jeder Teilnehmer effizienter, optimal werden deine Mitarbeiter weniger Zeit in Meetings verbringen. Gerade der Austausch und die entstehende Transparenz untereinander fördern sehr stark die Zusammenarbeit und zudem das gemeinsame Lernen.

Wo findet das Daily seine Anwendung?

Das ist das Praktische – überall, wo Sprache Mittel zum Austausch ist. Aber mal Spaß beiseite. Das Daily ist kein Status-Meeting für dich als Führungskraft, das du als Kontrollpunkt einberufst. Das Daily ist da, damit sich das Team austauschen und koordinieren kann. Die Team-Mitglieder sprechen miteinander und erklären sich gegenseitig, was sie machen, wo sie aktuell stehen und wo Hilfe gebraucht wird. Dadurch lernen die Kollegen untereinander die Aufgaben der anderen kennen und die Zusammenarbeit wird verbessert. Es zeigt auch, wo die Einzelne steht und was es noch zu tun gibt.

Wie setzt du es um?

Wenn du ein Daily einführen möchtest, ist es wichtig, dein Team abzuholen. Daher die erste Frage: Was wollt ihr täglich besprechen, was gibt euch einen Nutzen? Dann empfiehlt es sich, das Daily mit einem Kanban-Board (s. Tool 2) oder Taskboard zu verbinden. So habt ihr eine anschauliche, also visuelle Darstellung von dem, was ihr besprecht. Bei dem Tool Kanban gibt es eine Anleitung.

Also, erster Schritt: Bestimmen, über was ihr täglich sprechen werdet und wie ihr den Prozess abbilden wollt. Ein Praxisbeispiel Scrum findet sich hier im Buch im Kapitel »Darüber reden!«.

Als nächstes geht es um die Umsetzung. Hierbei sind ein paar wichtige Spielregeln zu beachten:

#Rules
- Das Daily darf nicht länger als 15 Minuten gehen (time-boxed).
- Jeder Mitarbeiter hat max. 1 Minute, um seine Sache darzustellen.
- Es ist ein Stand-up-Meeting – also alle stehen – gut für die Dynamik.
- Hierbei geht es darum, immer nur die Updates/nächsten Schritte darzustellen.
- Somit – keine Wiederholung und keine Selbstinszenierung.
- Die Mitarbeiterin stellt ihren Fortschritt als Prozess dar oder ganz nach dem Motto: Was habe ich gestern gemacht, was steht heute an und wo hakt es?!
- Der Kollege teilt seine Updates mit den Kollegen und spricht in die große Runde, es geht nicht darum, sich bei *dir* zu präsentieren.
- Als Führungskraft bist du Moderator oder Beobachter, also kein Teilnehmer.
- Daher sorgst du für das Einhalten der Regel.
- Das Daily beginnt pünktlich und geht los, auch wenn jemand fehlt. Wer zu spät dran ist, muss bspw. in die Teamkasse zahlen.

Abb. 6: Daily

Worauf musst du achten?

Am Anfang ist dieses Meeting-Format für deine Mitarbeiter ungewohnt. Auch das tägliche und pünktliche Kommen muss erst »einstudiert« werden. Also habe Geduld. Deine Mitarbeiter sollten binnen 4 Wochen den Nutzen sehen. Lass dir nach 4 Wochen ein Feedback geben. Was gefällt ihnen? Was nicht? Was wäre besser zu machen? – Kennst du vielleicht aus der Retro als Fragestellung. Auch in diesem Meeting kannst du das Format Daily besprechen, wenn du den ganzen Scrum-Prozess einführen magst.

Sobald ihr eingespielt seid und es klar ist, dass ihr euch regelmäßig trefft, wird es dazu kommen, dass einige die Transparenz unbehaglich finden. Denn das zeigt auch Leistung auf. Wichtig ist daher, dass es nicht darum geht jemanden vorzuführen, sondern gemeinsam Probleme zu bewältigen und Personen zu helfen, die vielleicht auch mal hinten dran sind. Also: Wertschätzung steht an erster Stelle!

Und nun zu deinen »Selbstdarstellern«– die meisten Teams haben Kollegen, die gerne viel und lange erzählen. Das macht sie auch als Kollegen aus: immer eine coole Story parat. **Aber** – bitte nicht hier. Es geht wirklich darum, kurz und knackig das Wichtigste wiederzugeben. Eine weitere Gruppe Mitarbeiter zeigt sich beim »Viel-Reden« – der Kollege, der einfach gar nicht so viele News hat. Da dieser Mitarbeiter sich wahrscheinlich unsicher fühlt, redet er mehr, um das wenige zu »verschleiern«. Es ist wichtig, mit dem Mitarbeiter ins persönliche Gespräch zu gehen, woran es fachlich/methodisch liegt, dass es nicht so läuft wie bei anderen Kollegen. Also hilf deinem Mitarbeiter dabei, dass er auch Performance präsentieren kann und nicht nur leere Worthülsen. Es muss auch nicht immer News geben, er kann also ruhig mehr Selbstvertrauen beweisen. Manchmal ist nämlich weniger mehr.

Auf einen Blick – für was ist es gut?
- Transparenz
- strukturiertes Arbeiten
- die Meeting-Zeit minimieren durch kurze Absprachen
- Austausch und Miteinander

TOOL 2 – KANBAN

Was hat es damit auf sich? (Hintergrund)

Als Kanban (japanisch kan = Signal, ban = Karte) wird die japanische Variante der klassischen To-Do-Liste bezeichnet. Dazu werden Prozesse in Echtzeit kommuniziert und alle Aufgaben müssen völlig transparent sein. Das Ganze wird analog gestaltet mit einer Wand und bspw. Post-its, die den Prozess darstellen, oder digital mit Trello und Co. Die einzelnen Prozessschritte werden auf einem Kanban-Board visuell dargestellt, sodass sich die Teammitglieder jederzeit einen Überblick über den Status der Arbeitsschritte verschaffen können. Das ursprüngliche Kanban-System stammt von Taiichi Ōhno aus dem Jahr 1947, als dieser in der japanischen Toyota Motor Corporation, das System entwickelt hatte. Der Grund war die ungenügende Produktivität des Unternehmens im Vergleich zu amerikanischen Konkurrenten. Ōhno beschrieb die Idee so:

> *Es müsste doch möglich sein, den Materialfluss in der Produktion nach dem Supermarkt-Prinzip zu organisieren, das heißt, ein Verbraucher entnimmt aus dem Regal eine Ware bestimmter Spezifikation und Menge; die Lücke wird bemerkt und wieder aufgefüllt.*
> Taiichi Ōhno, zitiert nach Zäpfel, 2000

Gerade heute erfreut sich Kanban besonderer Beliebtheit, nicht zuletzt, weil das Tool agile Werte wie Zusammenarbeit, Effizienz, Transparenz und Austausch fördert. Inzwischen hat das Tool sogar »Schwestern« wie das *Scrum Board/Scrumban* – die Mischform von Scrum und Kanban. In diesem Buch werden wir der Einfachheit halber und weil wir alle selbstbestimmt sind, die Boards ganzheitlich betrachten und sehen, was wir daraus machen können.

Abb. 7: Kanban

Wo findet das Kanban seine Anwendung?

Ziel der verschiedenen Kanban-Boards ist es, Projektabläufe oder allgemeine Prozesse transparent zu visualisieren in übersichtliche Prozessschritte mit einzelnen Einträgen der Teilnehmer zu ihrem Stand. Wie bei dem Tool Daily beschrieben, ist es mehr als sinnvoll, beide Tools zu kombinieren.

Daher findet das Kanban seine Anwendung überall, wo der Wunsch entsteht, Prozesse zu optimieren und eine effiziente Zusammenarbeit zu gestalten, wo am besten mehr Austausch stattfindet und das auch gefördert werden soll. Wichtig hierbei: Ob Entwicklung, Marketing, HR oder oder oder – Kanban steht dir gut! Denn solange es eine Aufgabe gibt oder ein gemeinsames Ziel, hat Kanban eine Verwendung und unterstützt es, die Zusammenarbeit fachlich und kulturell zu verbessern.

Wie setzt du es um?

Ganz wichtig, wie soll dein Kanban-Board aussehen? Es gibt unterschiedliche Wege. Viele gestalten das Kanban wie in Abbildung 7 nach *To Do – Doing – Done* oder *Stories – To Do – In Progress – Test – Done*. (Wir haben damals unseren Recruiting-Prozess abgebildet. Unser Board sieht wie folgt aus: *Anfrage CV – Telefoninterview/Vorstellungstermin – Zusage/Absage*. Siehe Praxisbeispiel Scrum im Recruiting von GULP Information Services GmbH im Kapitel »Darüber reden«).

Aufpassen! Denn die Gestaltung des Boards ist wirklich nicht alles. Wenn du dir überlegst, ein Kanban-Board einzuführen, ist es unabdinglich, deine Mitarbeiter einzubeziehen. Daher geht es erst einmal darum, herauszufinden, wo der Schuh drückt.

#Rules

- Führe Interviews mit deinen Mitarbeiterinnen: Wie sehen sie die Zusammenarbeit? Was, denken sie, könnte besser laufen? Was sehen sie als eure Kernaufgabe? Was läuft dabei gut oder auch nicht? Was wäre aus ihrer Sicht ein idealer Prozess? etc.
- Dann fasst du Kernaufgaben, Prozesse und Wünsche, aber auch Erwartungen zusammen.
- Hieraus gestaltest du nun ein mögliches Board.
- Sobald das Board »erschaffen«, ist bedienst du dich der Methodik aus den Daily-Rules, um den Ablauf mit dem Board gepaart zu gestalten.

Worauf musst du achten?

Vor allem auf die Akzeptanz deiner Mitarbeiter. Alles Neue bedarf einer Umstellung. Das Board greift zu Anfang in deren gewohnte Abläufe. Auch wird das Für-sich-Arbeiten durch gemeinsame Prozesse abgelöst. Zwar nicht gänzlich, aber es geht hier erstmal um die gefühlte Wahrnehmung. Daher ist es sehr wichtig, den Sinn zu vermitteln, und das gelingt, indem du das Board vom ersten Tage an mit deinem Team oder ein paar Mitarbeitern hieraus gemeinsam gestaltest. Durch die vorab geführten Interviews (s.o.) wirst du auch die Meinung aller einbauen. Daher ist es bei der Vorstellung und Einführung wichtig, darauf hinzuweisen, was bei den Interviews besprochen wurde, welche Kernbotschaften du interessant findest und was dich zum Nachdenken angeregt hat. Du vermittelst, dass du das Feedback verstanden hast und die Lösungsvorschläge in dem Board verankert sind. Auch ist es wichtig, das Board lebendig zu halten: Wenn dein Team Vorschläge hat zur Verbesserung des Boards hat, also Anpassungen machen möchte, versucht dies und schaut, ob sich eine Verbesserung abzeichnet wie erhofft. Sonst – einfach back to the roots.

Auf einen Blick – für was ist es gut?
- Verbesserung der Arbeitsweise
- Optimierung von Prozessen
- bessere Absprachen
- voneinander lernen
- Effizienz
- Transparenz von Arbeitsprozessen
- eine bessere Übersicht
- schnelleres Handeln bei Herausforderungen, da schneller sichtbar

TOOL 3 – RETRO

Was hat es damit auf sich? (Hintergrund)

Eine *Retro*, ganz ausgesprochen Retrospektive, ist ein Rückblick. In Scrum ist eine Retro ein regelmäßiges Meeting, das den zurückliegenden Sprint hinterfragt. Es gehört zu dem methodischen Gesamtkonstrukt von Scrum. Dabei geht es vor allem darum, Prozesse, Beziehungen, Herausforderungen und Erfahrungen im Kontext der Aufgaben in deinem Bereich zu reflektieren. Besonders an dem Format ist, dass Raum gegeben wird für offenes Feedback im Team, um Frust und Missverständnisse zu vermeiden oder aus dem Weg zu räumen. Dadurch hast du als Führungskraft einen sehr guten Eindruck von der Stimmungslage, die, wie wir wissen, 1:1 auf die Produktivität schlägt. Ganz nach dem Motto: Nur glückliche Mitarbeiter produzieren auch glückliche Kunden. Ein weiterer, wirklich wichtiger Punkt für dieses Format ist die stetige Verbesserung deiner Prozesse, somit auch Produkte und Services. Da regelmäßig ein Hinterfragen, also eine Retro stattfindet, kannst du stetig das Beste herausholen. Vor allem aus deinen Mitarbeitern. Da durch diese Form von Austausch ein stetiges Reflektieren ermöglicht wird, wächst deine Mitarbeiterin sehr schnell über sich hinaus und lernt dabei jede Menge. Es geht auch um das Zusammenspiel zwischen einzelnen Teammitgliedern, um das Wirken des Scrum Masters/des Agile Coachs/der Führungskraft und um die Bildung einer offenen Kultur.

Abb. 8: Retro

Wo findet die Retro ihre Anwendung?

Wie zu Anfang beschrieben, scheitern agile Transformationen oft an der Kulturfrage. Daher ist es elementar, gerade diese durch verschiedene Formate wie die Retro zu klären. Die wirkt sich positiv auf die Zusammenarbeit im Team aus. Der offene Austausch sorgt für eine kontinuierliche Verbesserung zum einen der Zusammenarbeit selbst, zum anderen der einzelnen Teammitglieder durch die permanente Reflexion – und zugleich der Produkte/Services. Dein Team findet Maßnahmen, um Themen voranzubringen. Dadurch etablierst du ein selbstorganisiertes Arbeiten. Auch hier gilt: Überall einsetzbar, wo selbständiges Arbeiten erwünscht ist!

Wie setzt du Retros um?

Als erstes gilt es, den Zyklus zu klären. Wie oft wollt ihr euch im Team treffen? Im Scrum sagt man, nach jedem Sprint. Wichtig ist, dass ihr euch überlegt, was ein Sprint sein kann. Wir z. B. nehmen einen Monat als Sprint und reflektieren diesen. Allgemein sagt man, ein Sprint geht zwischen 2 und 6 Wochen. Je nach Produkt/Service. Ebenso ist es wichtig, dass du als Führungskraft, wenn du keinen Agile Coach/Scrum Master in deinem Bereich hast, diese Rolle übernimmst. **Du bist also nur Moderator – kein Teilnehmer!**

Grundsätzlich kann eine Retro bis zu 3 Stunden dauern. Tipp: Mache es situativ. Wir setzen 90 Minuten an. Das reicht vollkommen.

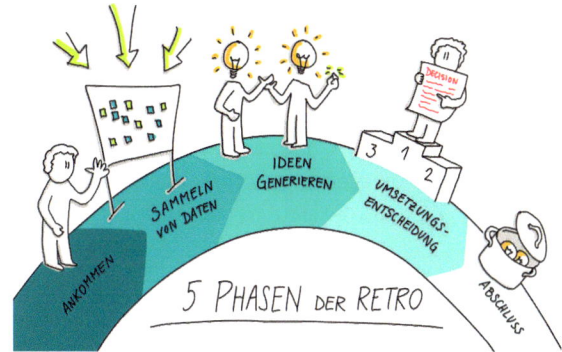

Abb. 9: Die fünf Phasen der Retrospektive

#Rules

- Intro: Begrüßung, Klärung des Retro-Formates – Was haben wir heute vor?
- Daten sammeln/Informationen/Ergebnisse des letzten Monats aufzeigen: Was war gut? Was war schlecht? Was können wir besser machen?
- Einsichten gewinnen: Warum sind die Dinge, wie sie sind? Hier geht es vor allem darum, in die Tiefe zu gehen und zu verstehen. Was sind Herausforderungen? Warum gelingt noch nicht alles? Was sind Störfaktoren? Zugleich aber auch: Warum wurde welche Maßnahme

gut umgesetzt? Woran lag es? Was können wir als Stärke verbuchen?
- Das Ziel ist, in der nächsten Phase gezieltere Maßnahmen zu beschließen: Was wollen wir konkret wie ändern?
- Abschluss: Hier wird ein Feedback zur Retro geholt. Mit welchem Gefühl gehen die Teilnehmer aus der Retro? War die Zeit sinnvoll investiert? Was soll erhalten bleiben? Was kann besser gemacht werden? – Damit wird ein klares Ende gesetzt und du bekommst die Chance, die nächste Retro besser zu gestalten.
- Nicht jede Retro muss gleich sein, es gibt viele Spiele und Gestaltungsrahmen hierzu, um das Ganze frisch zu halten!

Worauf musst du bei der Retro achten?

Ganz klar: Beachte deine Rolle! Um ein selbstorganisiertes Team zu entwickeln, ist eines vorweg sehr wichtig: Es geht nicht um deine Meinung. Es geht darum, dass dein Team aus den Reflexionen lernt. Du bist der Moderator, du schaffst die Struktur und den Rahmen. Daher ist es wichtig, dass du dich mit den Aufgaben eines Moderators auseinandersetzt, aber auch mit verschiedenen Retrospielen.

> **! Kleiner Tipp:** www.retromat.org
> Mit vielen Anregungen, wie du eine Retro gestalten kannst.

Natürlich ist in deiner Rolle Weiteres zu beachten. Wie ist die Atmosphäre? Was beschäftigt deine Mitarbeiter? Wie nimmst du Interaktion untereinander wahr? Auch die räumlichen Bedingungen sind wichtig, damit das Team auch kreativ und kontrovers werden kann. Versuche also, alles aus dem Raum herauszuholen.

Ebenso wichtig ist der Output aus dem Meeting. Welche konkreten Maßnahmen wurden verabschiedet? Wie wurden die aktuellen Ergebnisse im Review betrachtet? Welche Learnings wurden draus erzielt?

Und als Schmankerl: Sind die kommende Ziele/Maßnahmen SMART? Also: Specific, Measurable, Achievable, Reasonable, Time Bound?

> **Auf einen Blick – für was ist es gut?**
> - echter Zusammenhalt, weil dafür Raum geschaffen wird
> - Selbstorganisation
> - Reflexion und Lernen
> - nachhaltiges Verbessern von Zusammenarbeit und Prozessen
> - Verbesserung von Produkten/Services/Projekten
> - Kundenzentrierung

TOOL 4 – LEGO im Bewerbungsgespräch

Was hat es damit auf sich? (Hintergrund)
Diese Geschichte fängt ein wenig anders an. Denn ich stecke selbst hinter diesem Tool. Du kennst das doch sicher – nach vielen Jahren, in denen du Bewerbungsgespräche führst, ist der Ablauf ziemlich klar. Fast einstudiert. Bewerber sind auf Fragen zu ihrer Persönlichkeit vorbereitet, auch für sie ist es nach ein paar Gesprächen, trotz Unsicherheit, die bestehen bleibt, eine leichte Routine. Jahre über Jahre fragte ich mich: Da muss doch mehr drin sein? Ich hatte das Ziel, ein Gespräch zu entwickeln, das beide Seiten spannend und neu finden sollten. Zudem soll es auch beiden Seiten Spaß machen.

Wie es einem so vertraut ist, überlegt man, den Fragestil zu überarbeiten. Denn Google und Co machen einem das ja vor. Das geht von kniffligen Aufgaben hin zu neueren Fragen wie »Wenn ich deinen Google-Browser öffne, was waren die letzten Seiten, die du dir angeschaut hast?« oder bei Facebook: »An Ihrem allerbesten Arbeitstag – dem Tag, an dem Sie nach Hause kommen und überzeugt sind, dass Sie den besten Job der Welt haben – was haben Sie an diesem Tag gemacht?«.

Wichtig als Erkenntnis für mich: Es sind nicht nur die Fragen, die ein Gespräch gestalten. Es ist eine Vielzahl von Ereignissen und eine Atmosphäre, die ich für den Bewerber schaffe. Eine »employee journey«.

Und dann kam Lego. Als ich mal wieder ein Meetup gestaltete und diesmal als Sponsor die Räumlichkeiten von GULP stellte, kam mir die Idee. Wie wäre es, mit Lego bestimmte Fragen zu bauen? Was dann passierte, hätte ich nicht erwartet.

Wo findet Lego seine Anwendung?
Lego verbinden die meisten mit ihrer Kindheit. Mit *LEGO® SERIOUS PLAY® (LSP)* kommen die bunten Steinchen nun auch im Business-Kontext zum Einsatz, wie z. B. in den Bereichen Ideenentwicklung und Teambuilding oder in meiner selbst entwickelten Methode für Bewerbungsgespräche. LEGO® SERIOUS PLAY® fördert sowohl Innovation als auch Business Performance. Viele Erfahrungsberichte belegen, dass diese Art der »Hands-on«-Erfahrung ein tiefergehendes Verständnis von Prozessen und das einfache Erkennen von Möglichkeiten unterstützt. Dabei arbeitet LSP grundsätzlich mit dem Prinzip der Komplexitätsreduktion durch Metaphern: Die vereinfachte Darstellung vielschichtiger Probleme oder Strukturen hilft uns, Ansatz-

punkte zu erkennen und Lösungen zu entwickeln. Das Gehirn konzentriert sich ausschließlich auf die konkrete Fragestellung und wird nicht von Störfaktoren wie z. B. sozialen Zwängen oder Ängsten abgelenkt. Dabei gibt es kein richtig oder falsch, denn es geht nur um die Story. Lego löst das Problem, dass jeder die Dinge anders versteht, indem Fragestellungen und Ideen visualisiert werden. Wichtig hierbei: Sofern du dies eins zu eins nach LEGO® SERIOUS PLAY® in Workshops ausüben möchtest, ist eine Zertifizierung notwendig. Bei der PLAY SERIOUS AKADEMIE gibt es dazu Angebote.

Lego im Bewerbungsgespräch kann überall eingesetzt werden. Wichtig ist es, dem Bewerber Sicherheit zu geben, da die Methode neu ist. Ebenso braucht er/sie ein Bewusstsein, dass es kein Assessment oder ähnliches ist, sondern eine spielerische Form, Eigenschaften zu erkennen. Eine agile Form des Bewerbungsgesprächs.

Wie setzt du es um?

Da es ein Spiel ist, nimmt es nicht den ganzen Raum des Bewerbungsgesprächs ein. Je nach Unternehmen gehen diese Gespräche in der Regel 60–90 Minuten. In den ersten 30–45 Minuten geht es also darum, dass der Bewerber ankommt und aus seinem CV berichtet, außerdem klärt ihr, was ihn nun zu dir verschlägt und wieso er diese Rolle einnehmen möchte etc.

Dann folgt auch schon Lego und nimmt ungefähr 30 Minuten in Anspruch. Das Vorgehen im Bewerbungsspiel ist auf vier Fragen aufgebaut. Vorab wird dem Bewerber erklärt, dass es nun darum geht, spielerisch Fragen zu erarbeiten. So, wie du als erfahrene Führungskraft aus den Antworten bei einem »normalen Gespräch« Tendenzen ableiten kannst, so ist das natürlich hier auch möglich.

Abb. 10: LEGO Bewerbungsgespräch

Zum Einstieg eine lockere Frage: Was mögen Kollegen und/oder Kunden an Ihnen?

Hierbei geht es um die Einschätzung durch ein herangezogenes Außenbild. Durch das Bauen löst sich der Bewerber vom Bewerbungszwang, gleichzeitig wird die Kreativität gefördert, sich mit sich selbst neu auseinanderzusetzen.

Zweite Frage: Was machen Sie besonders gut? Was bringen Sie mit ins Team?

Die Frage ist spannend, da die Bewerberin in den Kontext einer Gruppe gestellt wird und zeigt, wie sie sich in dieser verortet.

Dritte Frage: Ihre größte Herausforderung im Job/ an der Uni?

Ab jetzt geht es um die Selbstreflexion mit einem »leichteren Start«: einzuschätzen, was eine Herausforderung ist und wie diese womöglich bisher gelöst wurde. Lego ermöglicht, dies zu *erbauen*, somit »haptisch« zu beantworten.

Vierte Frage: Was möchten Sie an sich verbessern?

Diese Frage zielt zu 100 % auf die Selbstreflexion ab und zeigt auf, wie entwicklungsbereit der Bewerber in der Vergangenheit war und zukünftig ist. Setzt er sich mit sich selbst auseinander? Agiert er bewusst im Kontext der Berufswahl?

#Rules
- Es bedarf eines Briefings, um der Kandidatin Sicherheit im Prozess zu geben.
- Für jede Frage hat der Kandidat 2 Minuten »Bauzeit«, danach geht er in die Erklärung seines Gebauten.
- Es dürfen von der Führungskraft nur Fragen zum »Bau« gestellt werden, nicht zum Erzählten, was dem Bewerber mehr Freiraum und Kreativität ermöglicht. Als Beispiel: Was meint er mit dem mit dem Kelch? Oder dem Gras?
- Es gibt kein Richtig oder Falsch.

Worauf musst du achten?
Das Vorgehen des Bewerbers zeigt außerhalb des Bauens Tendenzen:
- analytisches Vorgehen oder impulsives?
- eher emotionale Beschreibung oder sachlich begründete?
- Sicherheit oder Risiko?

Beispielsweise lässt sich dadurch erkennen, welcher »Typ« womöglich in der Bewerberin steckt, was wichtig sowohl für die Rolle als auch für die Teamzugehörigkeit ist. Es geht aber lediglich um Tendenzen, nicht um ein tief ergründetes psychologisches Gutachten! Als Beispiel: Es geht schon damit los, dass ich dem Bewerber die Box hinstelle und abwarte, wie er darauf reagiert. Das kann dann neugierig sein, unsicher oder abwartend, was kommt. Auch das Zurechtlegen der Steine deutet darauf, ob jemand einen Überblick braucht, eher planend agiert, da er sich die Steine ordnet, oder ob er das Chaos erst einmal so lässt und spontan reagiert. Und nun zum Schönen! – Du brauchst *verschiedene Charaktere i*n deinem Team, daher noch einmal: Die Bewerberin kann nichts richtig oder falsch machen.

Ein weiterer Vorteil der Methodik ist, dass Führungskräfte oft dem Halo- Effekt unterliegen und in diesem Konstrukt die Chance haben, den Bewerber auf eine weitere Weise kennenzulernen. Der überstrahlende Gesamteindruck und die damit einhergehenden kognitiven Verzerrungen werden abgelöst, da außerhalb des typischen Frageverlaufs ein weiteres Instrument, in dem Fall Lego, weitere Perspektiven eröffnet.

Kurze Erklärung dazu: Fragen, die wir als Führungskräfte im Verlauf eines Bewerbungsgesprächs stellen, bestärken in der Regel unseren Eindruck. Es ist menschlich, die eigene Meinung untermauern zu wollen, sodass wir im Verlauf weitere Fragen stellen, die unseren Eindruck bestärken, anstatt kritisch weitere Facetten des Bewerbers herauszufinden.

Ziel des Lego-Inputs ist daher ein spielerisches Vorgehen, aber auch das Annähern an agile Methoden und die Chance, den Bewerber aus einem anderen Blickwinkel kennenzulernen.

Auf einen Blick – für was ist es gut?
- an die agile Welt heranführen
- spielerisch Antworten erarbeiten
- neue Sichtweisen
- Arbeitgeber-Attraktivität
- kein Halo-Effekt
- Spaß

TOOL 5 – CREATE A TEAM CULTURE

Was hat es damit auf sich? (Hintergrund)
Unter Teamkultur versteht man das Wissen, die Erfahrungen, die Prozesse und Abläufe sowie Gewohnheiten oder auch Rituale, die sich in einem Team über die Jahre bewusst oder unterbewusst entwickeln. Viele Führungskräfte sehen das als gegeben. Allerdings hast du einen großen Einfluss darauf, das »Sein« deines Teams aktiv zu gestalten. Das ist auch wichtig, denn gute, produktive Zusammenarbeit ist nicht selbstverständlich. Die Stimmung im Team und der Zusammenhalt haben einen großen Einfluss. Um das zu stärken und aufrechtzuerhalten, müssen alle an einem Strang ziehen. Aus dem Verhalten deiner Mitarbeiter folgen zwangsläufig ihre Ergebnisse. Die Art und Weise, wie deine Mitarbeiterinnen denken und handeln, ist verantwortlich dafür, wie zufrieden deine Kunden sein werden. Du merkst, so einfach ist die Kulturfrage nicht.

Im Rahmen meiner Arbeit mit Führungskräften kam genau das oben Beschriebene irgendwann an die Tagesordnung. Wie schaffe ich, dass mein Team stolz ist, Teil des Ganzen zu sein? Was ist hierfür wichtig?

Eine einfache Methode dabei ist *Create a team culture*. Aus dem agilen Werkzeugkoffer gibt es euch die Chance, als Team über euch zu sinnieren.

Wo findet *Create a team culture* seine Anwendung?
Du möchtest nah am Menschen (am Kunden/Mitarbeiter) arbeiten in einem selbstorganisierten Team, das klare Prozesse definiert und trotzdem flexibel und schnell reagieren kann? – Dann leg gleich los!

Wie setzt du es um?
Setze ein Team Meeting auf mit einem Titel, der deinen Mitarbeiterinnen vermittelt, heute geht es darum, sich selbst neu zu erfinden. Du kannst ihnen vorab, womöglich auch bei einem Daily, ein paar Fragen schon mit auf den Weg geben. Mach' es locker und nicht bürokratisch.

Das Meeting als solches sollte in einem Arbeitsraum sein, in dem ihr euch bewegen könnt und Zeit habt. Je nach Gruppengröße und Charakteren, die sich bei dir so finden, kannst du mindestens eine Stunde bis hin zu drei Stunden für das Thema aufbringen. Lieber time-boxed und nochmal treffen als auf der Stelle treten, ist hier die Devise.

Als Vorlage für dein Meeting, um die Teamkultur zu bestimmen, folgende Idee:

1 Um was geht es uns? Ziele

2 Was macht uns aus? Struktur und Rituale

3 Wer hat welche Rolle? Individuen, die ein Team ergeben

4 Regeln »Don't be this guy - that guy rocks«

Abb. 11: Eine Kultur bestimmen

#Rules
- **Intro**: Begrüßung, Klärung des Meeting-Formats – was haben wir heute vor?
- **Erwartungen** der Teilnehmer klären, was erhoffen sie sich von dem Meeting heute?
- **Methode besprechen**: Ihr widmet euch heute den vier Bausteinen und hinterfragt, für was ihr steht: beim 1. Baustein eure Ziele, beim 2., was euch ausmacht, beim 3. Baustein, welche Rolle wer innehat und zum Schluss, welche Regeln euch wichtig sind.
- **Baustein 1 – Ziele.** Für was steht ihr ein? Was ist euer Ziel, das ihr womöglich vom Unternehmen vorgegeben bekommen habt? Was ist ein weiteres Ziel, für das ihr steht? Was ist also euer Team-Ziel? Was ist eure Vision?
- **Baustein 2 – Struktur und Rituale.** Gibt es bei euch feste Abläufe? Klare Meetings? Was passiert bei einem überdurchschnittlichen Erfolg? Feiert ihr das? Was ist bei Beförderungen? Oder bei Niederlagen – auch die können gefeiert werden, denn sie sind eine Erfahrung mehr. Was sind zentrale Arbeitsabläufe? Wie wollt ihr zukünftig diese Fragen beantworten? Für was steht dein Team? Mit was identifiziert ihr euch? Was macht euch besonders? etc.
- **Baustein 3 – Rollen.** Im nächsten Tool (Nr. 6) findest du eine Spielanleitung, um das Ganze locker zu gestalten, diese lässt sich prima hiermit verbinden. Sonst gilt es auch hier, Fragen zu stellen zu den einzelnen Persönlichkeiten. Wer sieht wen wie? Mit welchen Stärken? Eigenschaften? Charakterzügen?
- **Baustein 4 – Regeln.** Jetzt ist Fingerspitzengefühl gefragt. Oft kommt es an der Stelle vor, dass Kollegen untereinander sich als Beispiel für blödes Verhalten nennen. Das kann die ganze Stimmung zum Kippen bringen. Daher wird keine Person im Raum als Beispiel von nervigen Dingen vorgeführt, sondern wenn ihr Regeln aufstellt, dann sprecht ihr neutral. Male an einem Flipchart zwei Seiten. Die eine ist »be this guy« –

alles, was ihr gut findet, und die andere Seite »don't be that guy« – alles, was nervt und künftig nicht mehr erlaubt ist.
- **Abschluss:** Ausklingen lassen und Feedback holen, wie die Teilnehmer das Meeting empfunden haben und ob ihre Erwartungen erfüllt sind.
- **Next:** Mach' das Erarbeitete in der Nähe eurer Arbeitsplätze sichtbar.
- **Tipp:** Wiederhole das auch mal als Retro – checkt regelmäßig, ob ihr danach lebt oder ob etwas verbessert/verändert werden muss.

Worauf musst du achten?

Befindlichkeiten! Spätestens jetzt hoffe ich, dir ein kleines Schmunzeln abgewinnen zu können. Unsere Teammitglieder haben nun mal alle ihren eigenen Kopf, wir sind ja nicht besser. Umso wichtiger ist es, dass du in deiner Rolle als Führungskraft eher als Coach und Moderator agierst. Lass deinem Team die Chance und Gelegenheit, das Teamgefüge zu entwickeln, sich auch mal auszusprechen. Du wirst feststellen, da kommt doch viel ans Tageslicht, was mal raus wollte. Achte aber auf die Stimmung, bestehe auf Ich-Botschaften der Einzelnen und sorge dafür, den »roten Faden« der Teamkultur beizubehalten. Ebenso sollte alles konstruktiv sein und zukunftsorientiert.

Natürlich geht es um dein Team, sich ganz rauszuhalten ist da schwierig. Versuche es aber so minimal wie möglich zu halten: Was ist dir wirklich wichtig, als Botschaft mitzugeben?

Auf einen Blick – für was ist es gut?
- Zusammenhalt im Team
- Verständnis für jeden Einzelnen
- höhere Identifikation
- bessere Ergebnisse durch besseres Miteinander

TOOL 6 – ROLLE IM TEAM FINDEN

Was hat es damit auf sich? (Hintergrund)

Kannst du dich noch an deinen ersten Tag in einem Unternehmen erinnern, in dem du gestartet hast? Wie es so ist, beobachtet man erst alle, schaut, wer mit wem gut kann, wie alle ticken, was sich gehört oder auch nicht. Die Zeit vergeht und man ist selbst mittendrin. So oder so ähnlich findet man sich im Laufe der Zeit in ein Team ein.

Wissenschaftlich betrachtet hat der Eintritt eines neuen Teammitglieds ein klares Szenario. Nach Tuckman gibt es einen klaren Verlauf von Gruppendynamik. Der Prozess wird in fünf Phasen unterteilt, die jeweils eigene Merkmale aufweisen. Für Führungskräfte ist dieses Modell unglaublich nützlich, um den aktuellen Stand des Teams einschätzen zu können und um es zielgerichtet in die nächste Phase zu führen.

Ursprünglich waren es vier Phasen. Erst später wurde mit der Adjourning-Phase (Auflösung) eine fünfte Phase ergänzt und nun sieht der Prozess wie folgt aus:

In der ersten Phase, dem **Forming** (Test-Phase), steht das Kennenlernen an erster Stelle. Das Miteinander ist häufig noch bedacht, vorsichtig und höflich.

In der **Storming**-Phase (Kampfphase) kommen sich die Teammitglieder näher. Das heißt nicht nur Gutes, denn nun wird auch mal Tacheles gesprochen. Man merkt jetzt so langsam, mit wem man kann oder auch nicht. Nun entstehen auch erste Grüppchen.

In der **Norming**-Phase (Organisationsphase) bilden sich Prozesse und Regeln heraus, nach denen das Team miteinander arbeitet.

Die **Performing**-Phase (Hochleistungsphase) ist das, wo du als Führungskraft wieder hingelangen möchtest. Ab jetzt seid ihr ein Team und konzentriert euch auf Ergebnisse.

Die fünfte Phase, die **Auflösung**sphase, wird ergänzend betrachtet, um den zahlreichen Phasen von Projektarbeit gerecht zu werden. Der Prozess der Auflösungsphase wird vom Projektleiter/Scrum Master oder der Führungskraft aktiv gestaltet, um die Leistung zu honorieren und optimal abschließend zu »feiern«.

Das Tool »Rolle im Team« beschäftigt sich mit dem einzelnen Charakter und wie das Team diesen wahrnimmt. Wichtigstes Ziel ist, dass jeder seine Rolle kennt und das Team durch offenes Feedback final zusammenwächst.

Wo findet *Rolle im Team* seine Anwendung?
Wenn es dir wichtig ist, dass alle einander konstruktiv Feedback geben in einem spielerischen Austausch, ist das genau dein Tool. Es geht darum, ein Team zu kreieren, in dem jeder, wie er ist, akzeptiert wird und wo Höchstleistung möglich ist – gerade weil es in der geschaffenen Kultur normal ist, dass man sich gegenseitig Feedback gibt.

Rolle im Team finden kann im Rahmen eines Workshops (wie in Tool 5) genutzt werden oder wann immer du als Führungskraft feststellst, dass das Team die Möglichkeit braucht, sich als Zusammenspiel von Charakteren zu finden. Wie setzt du es um?

Suche einen auch hier wieder einen Raum und nimm dir mindestens eine Stunde Zeit hierfür. Je nach Bauchgefühl verlängere die Session, wenn du denkst, da gibt es sicher viel zu besprechen. Hänge für jeden Mitarbeiter das hier dargestellte Blatt auf:

Wenn ich ein Superheld, eine Disneyfigur oder ein Fabelwesen wäre – was wäre ich dann für dich?

Welche Rolle habe ich deiner Meinung nach im Team?

Welche Eigenschaften siehst du an mir?

Was wünschst du dir von mir?

Abb. 12: Rolle im Team finden

#Rules
- Intro: Begrüßung und Klärung, um was es heute geht.
- Erwartungen deinerseits besprechen. Nun sind deine Werte im Team gefragt, wie bspw. Fairness, Respekt, Ehrlichkeit …
- Zeige auch die Vorzüge auf, was es heißt, sich gut zu kennen, zu wissen, was man an jemandem hat und was man sich aber auch wünscht, wie man selbst besser werden kann durch die Mischung zwischen Selbst- und Fremdbild.
- Das Tool erklären. Wissenswert: Du kannst gerne andere Fragen in die vier verschiedenen Kästen schreiben. Sieh das Beispiel als erprobte Idee, aber wie bereits erwähnt: Sei mutig, selbst zu kreieren.

Einleitung

Umdenken!

Handeln!

Darüber reden!

Fragen!

Einfach machen!

3

- Start! Je nach Teamgröße haben nun alle Zeit, in den nächsten 10–20 Minuten die vier Fragen zu jeder Person zu beantworten.
- Alle gehen herum und schreiben zu jedem/jeder etwas, was ihm/ihr einfällt auf, am besten spontan.
- Am besten hängen die Blätter zu jeder Person im Raum verteilt, so kann man wie bei einer Vernissage herumlaufen und dabei schreiben.
- Sobald alle etwas zu allen geschrieben haben, ist es an der Zeit, dass sich jeder mit dem eigenen Bild auseinandersetzt.
- Anschließend darf jeder drei Dinge markieren, bei dem er/sie Rückfragen oder den Wunsch nach mehr Erklärung hat.
- Sobald die Frage im Raum ist, darf jede/r antworten, also nicht nur die Person, die es (vermutlich) geschrieben hat.
- Wichtig hierbei: Die Fragen dürfen gerne auch zu positiven Anmerkungen sein.
- Ziel ist es, das Selbst- und Fremdbild und somit die Rolle der Mitglieder offen anzusprechen und als Team stärker zusammenzuwachsen.

Worauf musst du achten?
Das Team muss in der Lage sein, respektvoll miteinander umzugehen. Sofern gerade verschiedene Konflikte brodeln, lieber die Finger davon lassen und erst einmal die Fronten klären. Es geht hier ganz klar um ein Tool, das dabei unterstützt, sich und andere besser einzuschätzen. Teams, die hierfür in der Lage sind, beweisen immer wieder einen starken Zusammenhalt.

Wem *Rolle im Team* zu heiß ist, weil womöglich gerade die Luft etwas dicker ist: Tool 7 (Speedback) geht nicht ganz so tief und ist in der Feedback-Struktur etwas offener.

Auf einen Blick – für was ist es gut?
- Zusammenhalt
- Ehrlichkeit
- sich selbst und seine Umwelt besser verstehen

TOOL 7 – SPEEDBACK

Was hat es damit auf sich? (Hintergrund)
Im Juli 2014 dachte die Agentur *quäntchen + glück* GmbH & Co. KG aus Darmstadt, Feedback kann man auch anders geben – und überhaupt sollte man es haben. Die Feedback-Kultur dort war zuvor geprägt durch klassische Mitarbeitergespräche im Halbjahresturnus. Inzwischen gehört es seit langer Zeit zum festen Bestandteil, einen Raum dafür zu schaffen, gegenseitig Feedback zu geben. Das gibt allen die Chance, zu jedem/jeder das zu sagen, was ihm/ihr auf dem Herzen liegt.

Wo findet Speedback seine Anwendung?
Die Agentur sieht das recht einfach: Überall da, wo man Hierarchien aufbrechen möchte, muss man den Aufbruch leben. Speedback findet also da Anwendung, wo eine offene Kultur erwünscht ist, und ist ein weiteres Tool neben den klassischen Mitarbeitergesprächen.

Mindestens zweimal pro Jahr gibt's Feedback von allen für alle. Wie beim Speed-Dating hat jedes Paar 10 Minuten Zeit, Lob, Kritik und das obligatorische Feedback auszutauschen. Anerkennung, Wertschätzung und Lob zur Arbeit – das beflügelt und stärkt alle im Team. Auch die Chance, sich persönlich oder fachlich weiterzuentwickeln, ermutigt die Agentur.

Du als Führungskraft kannst damit einen lockeren, aber offenen Austausch forcieren. Richtig gut ist es, wenn du mittendrin bist und mitmachst. Jeder trifft jeden und teilt, was ihm schon länger auf dem Herzen liegt. Ganz nach dem Motto von *quäntchen + glück*:

Vertrauen statt Kontrolle.

#Rules
- Alle sind zusammen an einem Ort und bilden fünf »Ecken« für jeweils 2 Personen. Bei Bedarf mehr Ecken, je nach Teamgröße.
- Jedes Paar hat 10 Minuten Zeit, sich gegenseitig Feedback zu geben – 5 Minuten für jeden.
- Die wichtigsten Erkenntnisse aus den 10 Minuten schreibt jedes Paar auf Karten (für jede Person eine).
- Wenn Birte und Jan zusammensitzen, schreibt Birte das Feedback an Jan auf, Jan an Birte.
- Nach den 10 Minuten bekommt jede/r das Kärtchen mit dem Feedback der eigenen Person.
- Anschließend wird durchgewechselt, bis jede/r mit

jedem/r gesprochen und neun Kärtchen mit neun verschiedenen Handschriften hat.
- Das Ganze dauert bei der *quäntchen + glück* 90 Minuten (9-mal 10 Min.) plus Nachspielzeit und Pärchen-Wechsel – also überlege vorab, wie lange es bei dir dauert, und blocke den Termin für alle.

Worauf musst du achten?
Damit Speedback funktioniert, ist es nötig, sich vorher Gedanken über alle anderen im Team zu machen, damit die 5 Minuten pro Person auch sinnvoll genutzt werden. Fragen zur Orientierung:
- Was klappt in der Zusammenarbeit gut (inhaltlich + persönlich)?
- Was ist die größte Stärke des anderen?
- Warum arbeite ich mit ihr/ihm gerne zusammen?
- Warum ist es total wichtig, dass er/sie im Team dabei ist?
- Was könnte in der Zusammenarbeit (inhaltlich + persönlich) besser laufen?
- Welche Marotte nervt mich?
- In welchen inhaltlichen Bereichen könnte er/sie sich weiterentwickeln?

Dabei bewusst machen: Es sind nur 5 Minuten pro Person. Deshalb ist es sinnvoll, sich auf das Wesentliche zu konzentrieren und einzukalkulieren, dass das Gegenüber auf die Kritik reagiert, was die 5 Minuten wieder etwas reduziert.

Auf einen Blick – für was ist es gut?
- Zusammenhalt
- Offenheit
- respektvolles Miteinander

TOOL 8 – STOP-KEEP-START

Was hat es damit auf sich? (Hintergrund)
Eine sehr schnell umsetzbare Methode, die dir hilft, Feedback zu bekommen. Sei es über dich als Führungskraft, die Teamkultur, Zusammenarbeit und vieles mehr.

Denn mit all dem Change benötigen Führungskräfte, aber auch Mitarbeiter ein hohes Maß an Entwicklungsbereitschaft, zugleich den Willen, Neues zu lernen, sei es über sich oder ein neues Themenfeld. Deswegen sind Führungs- und Lernmethoden gefragt, die sich schnell und einfach umsetzen lassen – also STOP-KEEP-START.

Dem Ursprung nach war es als Feedback-Methode im Rahmen von Mitarbeitergesprächen zu nutzen, im Rahmen agiler Prozesse eignet es sich sowohl zur Selbstführung und Selbstreflexion als auch zur kontinuierlichen Weiterentwicklung von Mitarbeitern, Teams und Organisationen.

Wo findet S-K-S seine Anwendung?
Die Methode ermöglicht, eigene Ziele klarer zu definieren und umzusetzen sowie diese den Mitarbeitern sachlich, nachvollziehbar und motivierend zu vermitteln. Auch in der Selbstführung hilft sie dir, indem sie aufzeigt, welchen Weg du gehen könntest.

STOP-KEEP-START lässt sich als Feedback-Methode sowohl für Individuen als auch für Gruppen einsetzen. Sie ist im agilen Spektrum für eine Standortbestimmung geeignet, um einen Rahmen und Ziele, verbunden mit Prioritäten abzuleiten.

Wie setzt du es um?
S-K-S steht für STOP – mit was jemand aufhören sollte, KEEP – was jemand beibehalten sollte, START – womit jemand anfangen sollte. Wenn dir der harte Einstieg über das STOP nicht genehm ist, so kannst du (wie viele andere es auch machen) einfach mit KEEP-STOP-START als Reihenfolge arbeiten.

#Rules
- Entscheide dich, welches Format du heute wählst: Nutzt du die Methode als Einzelgespräch, um deinem Mitarbeiter Feedback zu geben oder dir Feedback zu holen? Oder als Gruppenprozess in einem Workshop?
- Hieraus resultiert die Zeit, die du brauchst. Ein Einzelgespräch kann zwischen 45 und 60 Minuten dauern,

während ein Workshop 60–120 Minuten dauern kann, je nach Themengewicht.
- Der Raum sollte dem Format gerecht werden – sitzt ihr oder arbeitet ihr auch mal an Pinnwänden? Ein gut ausgestatteter Raum ist von Vorteil, aber es geht auch mit kleinen Hilfestellungen wie Flipchart und Stiften.

Legen wir los!
- **STOP:** Blick auf das Hemmende/Störende
Was soll so schnell wie möglich aufhören? Was bringt uns nicht weiter? Verursacht Unbehagen? (Alte Zöpfe abschneiden, ggf. mit einem Ritual.)
- **KEEP:** Blick auf das zu Bewahrende
Was läuft gut, wovon wollen/brauchen wir noch mehr, was soll bleiben?
- **START:** Blick in die Zukunft
Was wollen wir neu beginnen? Für was ist jetzt die Zeit gekommen?

Worauf musst du achten?
Du und deine Mitarbeiter solltet euch im Prozess nicht nur auf bestimmte Handlungsweisen konzentrieren, mit denen die angesprochene Person aufhören oder anfangen sollte, da sie sonst das Gefühl bekommen könnte, nur kritisiert zu werden. Und da fängt die Krux auch schon an, nämlich das WIE. Feedback geben ist eigentlich in allen Köpfen drin, dennoch neigen viele dazu, auch sehr persönlich zu werden. Einerseits verständlich, da es nun mal um eine Eigenschaft einer anderen Person gehen kann, aber wenn es dann *nur* darum geht, wird die Akzeptanz gering sein.

Stelle klare Feedbackregeln auf. Bespiele: Ich-Botschaften senden, in der Formulierung Perspektiven für den anderen aufzeigen, wenn dieser sich verändert; Feedback als Geschenk verstehen und annehmen. Du als Führungskraft hast zudem die Aufgabe, einen Rahmen dafür zu schaffen, in dem alle Beteiligten sich wohl fühlen.

Auf einen Blick – für was ist es gut?
- effektive und pragmatische Feedback-Gespräche
- Führungsgewohnheiten ablegen durch offene Feedback-Kultur
- einem offenen Austausch überhaupt einen Rahmen schenken

TOOL 9 – LEARNING QUADRANTS

Was hat es damit auf sich? (Hintergrund)
Kennst du das? Wahnsinnig viele Besprechungen, Retros und Meetings haben wir hinter uns gebracht und doch nicht so viel gelernt, wie eigentlich gedacht. Wenn wir uns überhaupt auf das Lernen aus unserem Handeln konzentriert haben. Philosophisch betrachtet thematisieren wir das aber gerne, wenn wir uns über Weltgeschichte unterhalten und feststellen, dass die Menschheit die eigenen Fehler wiederholt. Wieso sollte es also in einem Unternehmen anders sein?

Nicht wirklich zufriedenstellend. Und als agiler Kopf auch überhaupt nicht akzeptabel. Denn es ist doch gerade das, was wir falsch machen, das uns zum Lernen bringt, bessere Mitarbeiterpersönlichkeiten schafft und somit bessere Produkte oder Services. Dein Handeln als Leiter eines Teams, Bereichs oder Projektes ist ja gerade der Maßstab weiterer Schritte deines Unternehmens. Und wenn du nicht vor stehst, dass es die Reflexion ist, die dich und dein Team besser macht, wirst du stehenbleiben.

Gerade, wenn du schon Retros als Führungsinstrument nutzt, weißt du, dass es auch wichtig ist, verschiedene Tools hinzuzuziehen, um Lernen zu fokussieren. Das Tool *Learning Quadrants* hilft – sei es in der Retro oder als Workshop – um Sprints, Arbeitsweisen oder gar ganze Projekte zu hinterfragen.

Wo finden Learning Quadrants ihre Anwendung?
Entdeckt und direkt umgesetzt, so war das damals bei mir. Denn es findet überall Anwendung, wo du **lernen willst aus dem Umgesetzten**. Wir nutzen es in den Retros immer wieder gerne. Oder wenn unsere Teamleiter sich treffen, um aus den verschiedenen Bereichen **Erfahrungen auszutauschen**.

Es ist ein Reflexionstool, das ganz bewusst Lernen, auch von unbewusstem Handeln, an das Tageslicht bringt. Es hilft schnell, daraus Schlüsse zu ziehen, um bspw. im nächsten Sprint oder Projekt besser zu werden.

Wie setzt du es um?
Es gibt vier Quadranten, in denen du dich bewegst bzw. in denen du und dein Team das tut. Wichtig hierbei: es peu à peu durchzugehen. Also fokussiert.

Einleitung

Umdenken!

Handeln!

Darüber reden!

Fragen!

Einfach machen!

#Rules

- Das Format dauert 45–60 Minuten, für eine gute Reflexion.
- Im ersten Schritt (didaktisch auch wichtig) geht es um geplante und erfolgreiche Maßnahmen. Was hat also gut geklappt?
- Dann folgen die *Failures,* auch auf der Seite »geplant«: Was hat nicht geklappt?
- Daraufhin besprecht ihr die unbewusste Seite, also Vorgänge, die nicht geplant waren. Erst auch hier: Was war erfolgreich?
- Schließlich: Was war nicht geplant und hat das »Scheitern« noch forciert?
- Wichtig!: Alles step by step.

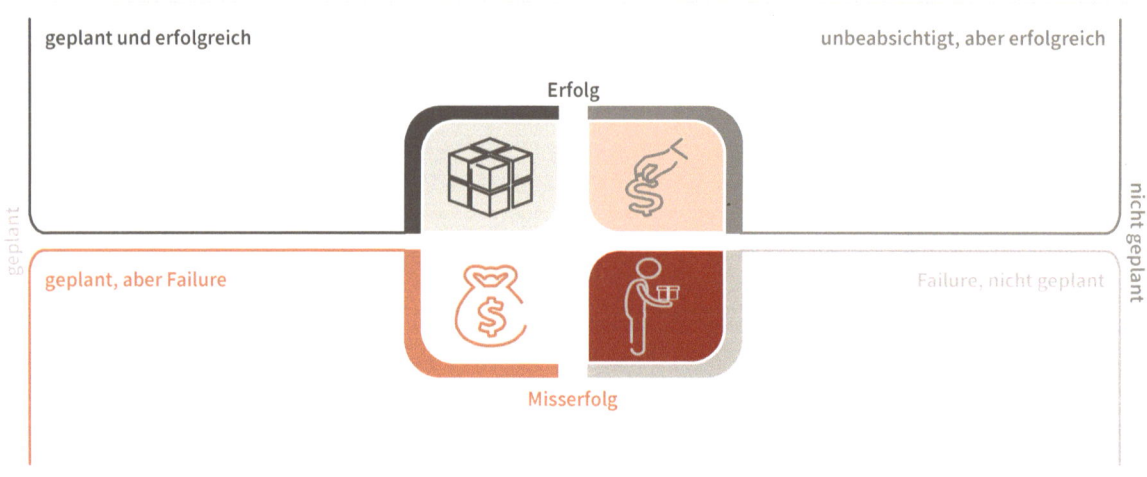

Abb. 13: Learning Quadrants

Worauf musst du achten?

Achte darauf, dass dein Team und du intensiv in jedem Quadranten »unterwegs« seid. Gerne beschäftigt man sich mit dem Schönen als Optimist, als Pessimist gerne mit dem Schlechten. Durch das eigene Naturell ist man oft in einer Richtung etwas stärker ausgeprägt. Daher ist es umso wichtiger, nicht in den Quadranten hin- und herzuspringen, sondern die Kolleginnen wirklich zu zwingen, einen nach dem anderen abzuschließen. Dadurch lernen sie, jede Perspektive einzunehmen und nicht durch Einseitigkeit Erkenntnisse zu verpassen.

Wenn alle Quadranten nach und nach bearbeitet sind, können abschließend Ergänzungen überall folgen. Auch hier gilt, zu beachten, was wie gesagt wird. Denn bei dem Tool geht es darum, Erkenntnisse zu gewinnen. Was ist konkret gemeint? Als Beispiel: Einer deiner Mitarbeiter bemängelt mit einer Aussage »Zeit«. Aber was steckt dahinter? Was genau meint dein Mitarbeiter mit dem Wort? – Lass dir immer alles erklären. Jede Erkenntnis sollte als ein ganzer Satz mit Bezügen zu dem Projekt/Sprint formuliert werden. Je mehr Input, desto größer der Output an Verbesserungen für kommende Sprints oder Projekte.

Auf einen Blick – für was ist es gut?
- schnelles Lernen
- Reflexion
- sofort umsetzbare Learnings
- Fehlerkultur entwickeln und daraus lernen

TOOL 10 – DECISION POKER

Was hat es damit auf sich? (Hintergrund)
Achtung, ab hier beginnt die effektive Meeting-Zone. Diese Methode entstand vor einem Jahr, als ich mal wieder genervt aus einem langen Meeting kam. Du kennst das sicherlich nur zu gut. Die Hauptbeschäftigung, je mehr Verantwortung man hat, sind Meetings. Durch moderne Technik wie Skype, Hangout und Co ist es sogar per Videochat sehr einfach, mal schnell ein Meeting durchzuführen. Es gibt Tage, da findet zwischen 9.00 und 18.00 Uhr nichts anderes statt.

Kommen wir aber zum Dilemma. Das Ergebnis solcher Meetings: wenig oder nichts. Gefühlt wiederholt sich das Dilemma mehrfach. Manchmal täglich, mindestens wöchentlich. Es hat schon fast was von einem Zirkus. Es gibt immer einen, der versucht, Zeit und Agenda im Blick zu halten (der Dompteur), es gibt immer einen, der Witze macht und eher Spaß an der Freude hat (der Clown), es gibt immer einen, der eine Meinung hat (der Löwe), was schon mal gut ist, denn so kann diskutiert werden. Problem dabei: Es gibt ganz viele »Löwen« – und jeder möchte seine Meinung loswerden, ob diese nun konstruktiv ist oder nicht. Es gibt immer einen, der das Gesagte wiederholt, weil er/sie selbst es noch nicht gesagt hat (Pantomime), und zum Schluss ist da wieder der Dompteur und sagt, »so, die Zeit ist um, nächster Punkt«.

Kommen wir aber zum wichtigen Punkt: Wie kannst du das ändern? Denn als »Agilist« geht es dir um Lösungen und Ergebnisse. Kurz: Indem du die Spielregeln änderst.

Decision Poker ist eine Abwandlung der Planning-Poker-Methode, die als Teil des Scrum-Prozesses gerne genutzt wird, um spielerisch Entwicklungsschritte und Aufwände zu planen. Decision Poker habe ich vor einem Jahr entwickelt, um Entscheidungen und Diskussionen im Meeting bewusster zu gestalten. Dabei bediente ich mich klassischer Meeting-Regeln und des Planning Pokers. Da es aber nicht in jedem Meeting um Projekteinschätzungen geht, wie im Planning Poker, sondern auch um andere komplexe Sachverhalte, war es wichtig, ein Tool zu finden, das Meinung und Charaktere steuert. Ein Tool, das konstruktivere Gespräche in Meetings fördert und zugleich jedem die Chance gibt, sich einzubringen.

Wo findet Decision Poker seine Anwendung?

In jedem Meeting, bei dem es darum geht, Diskussionen zu führen, Entscheidungen zu fällen. In Arbeitsmeetings, um einen Abschluss und nächste Schritte zu finden.

Ganz wichtig: Da ich die Methode anhand meines Führungsalltags entwickelt habe, lade ich dich auch hier wieder ein, dir selbst ein Bild zu machen, wie und wo du sie einsetzen möchtest.

Wie setzt du Decision Poker um?

#Rules

- Jeder Spieler erhält vor dem Spiel einen Satz mit Karten, die von 1–6 durchnummeriert sind (bspw. klassische Spielekarten oder selbst bemalte etc.).
- Es wird anhand der Agenda bestimmt, was rein informative Themen sind und wo diskutiert werden kann oder soll. (Zu Anfang könnt ihr es nur für *ein* Thema auf der Agenda nutzen, um reinzukommen, ideal gestaltet sich das ganze Meeting so.)
- Jede Nummer bedeutet eine unterschiedliche Ebene der Entscheidung:
  »1« entspricht »Dagegen«, wir müssen diskutieren!
  »2« bedeutet »was bringt es?«, erkläre mir, um was es geht!
  »3« heißt »Naja«, überzeuge mich!
  »4« meint »Einigen«, lass uns die Mitte finden – Kompromiss!
  »5« entspricht »Soweit gut, aber …« bin grundsätzlich dafür, aber es ist noch was zu tun!
  »6« steht für »Super! So wird es gemacht«, stimme voll und ganz zu!
- Nun wird das Thema vorgetragen und jeder entscheidet sich vorerst verdeckt, wie er zu dem Thema steht (didaktisch wertvoll, weil dadurch die Meinung selbst gebildet und nicht von anderen beeinflusst wird)
- Als nächstes dreht jede/r ihre/seine Karten um
- Jetzt wird es spannend: Nur die Meinungen, die am weitesten auseinanderliegen, diskutieren jetzt. Jeder vertritt seinen Standpunkt. Dann wird versucht, zwischen den Parteien einen gemeinsamen Nenner zu finden. Alle anderen halten sich bis hierhin raus.
- Finden die Diskussionspartner nach einigen Malen hin und her keine Mitte, kommt die Mitte der Gruppe hinzu (Karte 3+4) und hat die Aufgabe zu »schlichten«, also einen Mittelweg zu finden: Sie sind die, die einen Kompromiss anstreben in der Gruppe.

- Ein Thema, dass über 30 Minuten »hängt«, wird zu einem Klärungsthema mit der Aufgabe: Was brauchen wir an Informationen oder To-dos, um Einigkeit zu finden?

Worauf musst du achten?

Natürlich ist ein Spielverlauf leichter gesagt als getan. Es ist ziemlich wichtig, diese neue Herangehensweise immer wieder zu üben, bis sie funktioniert. Nicht gleich frustriert sein, wenn es nicht sofort aufgeht. Das ist die Macht der Gewohnheit in uns hinsichtlich dessen, wie Meetings normalerweise sind.

Um das Spiel erfolgreich durchführen zu können, ist im Vorfeld der Teilnehmerkreis abzuholen. Wie geht die Methode, was bringt sie, wie sind die Spielregeln? Denn dahinter steckt viel Psychologie. Du wirst anfänglich darauf achten müssen, dass die Parteien, die am meisten auseinander liegen, sinnvoll miteinander diskutieren. Vielleicht sogar Methoden finden müssen, wie sie das Gespräch wertvoll gestalten. Denn der Unterschied ist, dass sie nicht nur ihre Meinung sagen, sie müssen diese untermauern und auf ihre Sinnhaftigkeit prüfen, zugleich die andere Meinung verstehen lernen und – das ist die größte Aufgabe – gemeinsam eine Lösung finden.

Wenn das im Spielverlauf nicht möglich ist, kommen die anderen Kollegen (Kartenmitte 3+4) dazu. Sie haben aber nicht die Rolle, ihre Meinung zu sagen, sondern als Vermittler zu dienen, da sie selbst mit der Kartenwahl 3+4 keine konkrete Meinung hatten, sondern nur Tendenzen. Sie unterstützen nun den Prozess.

Der Vorteil der Methode: Nicht jede hat eine Meinung, sondern jede hat ihre Rolle. Und es wird auch mal dazu kommen, dass alle sofort einer Meinung sind, z. B. Karte 5+6. Auch hier ist das Tolle, binnen 2 Minuten habt ihr euch entschieden, anstatt 30 Minuten über etwas zu reden, wo doch eh Einigkeit herrscht.

Und selbst wenn nach 30 Minuten nichts entschieden wurde, so habt ihr einen klaren Auftrag, weitere To-Dos zu erledigen oder weitere Informationen heranzuziehen. Was auch nochmal hilft, den Prozess schlank zu machen, anstatt ewig zu diskutieren.

Auf einen Blick – für was ist es gut?
- konstruktives und effektives Meeting
- Diskutieren mit Struktur
- Zeitersparnis
- zufriedene Teilnehmer

TOOL 11 – DELEGATION MATRIX

Was hat es damit auf sich? (Hintergrund)

Im Appelos Buch Management 3.0 (2011) gibt es das so genannte *Delegation Board*, ein sehr tolles Hilfsmittel, um im Team aufzuzeigen, bei wem welche Entscheidungen liegen. Die *Delegation Matrix* ist auch hier wieder eine Abwandlung bzw. Erweiterung meinerseits, um den Führungsalltag zu gestalten. Es geht darum, schnell Entscheidungen zu treffen in einer Team- oder Kollegensituation.

Abb. 14: Appelo Delegation Poker

Um kurz das Delegation Board (auch: Delegation Poker, Abb. 14) von Appelo zu würdigen, möchte ich dir auch dieses Tool mit an die Hand geben, zumal die Delegation Matrix darauf aufbaut. Appelos Tool hat sieben unterschiedliche Ebenen von Delegation (nahe dem Ansatz des situativen Führungsstils): *tell, sell, consult, agree, advise, inquire* und *delegate*. Um die Delegation in einem Team zu kommunizieren und transparent zu machen, hilft das Delegation Board sehr.

Beim Delegation Board geht es also darum, im Team oder in einer direkten Zusammenarbeit zu entscheiden, wer welche Entscheidungen trifft. Das kann z. B. Urlaub, Vertragsgestaltung, Einstellung neuer Kolleginnen etc. betreffen (vgl. Abb. 15).

Bei der Delegation Matrix war es mir im Vergleich zum Board wichtig, die Idee weiter zu fassen: nicht nur auf der Basis, wer entscheidet, sondern wo liegen der Lead und die Verantwortung, aber mit weniger Delegationsstufen.

Wo findet die Delegation Matrix ihre Anwendung?

Die Delegation Matrix trägt einen weiteren großen wichtigen Teil in sich: Wer hat die **Verantwortung**? Somit findet die Matrix überall Anwendung, wo du nicht nur eine Darstellung von Entscheidungen möchtest, sondern auch von Verantwortlichkeiten. Das Tool lässt sich auch mit Kollegen bearbeiten, daher Delegation *Matrix*.

Wie auch der große Bruder Delegation *Board* sorgt das Tool für mehr Transparenz von Abläufen und schafft dadurch Sicherheit für jeden Einzelnen, wer was zu tun hat. Es ist weniger ein komplett agiler Ansatz als eine erste Hilfe, agiler zu werden, indem Werte wie **Transparenz** ermöglichen, **Entscheidungen** teilen und **Verantwortung** abgeben erlebbar gemacht werden.

Du kannst es also nutzen, um in deinem Team zu klären, wer welche Entscheidungen trifft und Verantwortung übernimmt, oder um mit einem Kollegen zu bestimmen, wer von euch wo den Lead hat. Die Idee kam mir, als mich eine Kollegin fragte, wie sie mit folgender Situation umgehen solle: Sie war neu und wollte mit ihrer Chefin besprechen, dass sie das Gefühl habe, sie mische sich viel ein. Das war klar, denn die Chefin hatte zuvor das Thema begleitet. Nun ging es darum, spielerisch Aufgaben und Entscheidungen (neu) zu verteilen. Da es mir wichtig war, Appelos Methode etwas einfacher zu gestalten, nicht nach dem situativen Führungsstil, entstand die Delegation Matrix: Eine Chance, Aufgaben zu verteilen und intensiver einen Austausch dazu zu finden, trotzdem in einer »lockeren Atmosphäre«.

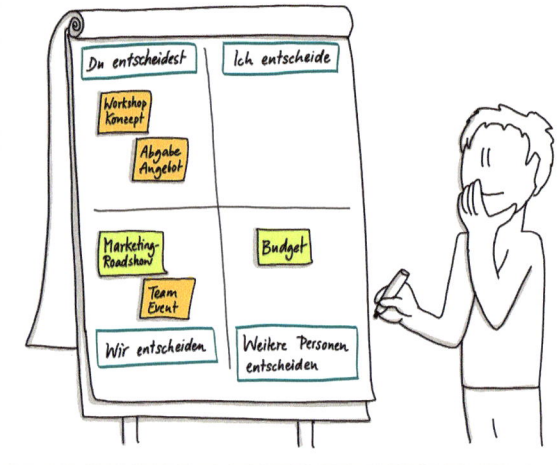

Abb. 15: Delegation Matrix

Wie setzt du es um?

Es geht darum, sich eine Transparenz zu schaffen, wer welche Themen begleitet, und auch eine Diskussion zuzulassen. Gerade abteilungsübergreifend kann das sehr wertvoll sein. Es geht um eine Abstimmung mit anschließender Visualisierung mit klaren Spielregeln.

#Rules
- Bei jeder Delegation Matrix (es kann mehrere geben) wird als erstes die teilnehmende Gruppe definiert. Dies kann z. B. ein Projektteam sein, zwei Abteilungen, die sich besser abstimmen möchten, ein Team oder zwei Kollegen
- In einem Brainstorming-Meeting wird beschlossen, was es alles an Aufgaben, Entscheidungen und Verantwortungen gibt.
- Danach wird ein analoges Board kreiert oder eine Online-Variante, u. a. Trello bietet sich an, um eine Ansicht für alle zu haben.
- Anschließend werden alle Aufgaben und grundsätzlichen Entscheidungen eingetragen an den »richtigen Ort«. Konkret: Wer wann entscheidet und damit auch die Verantwortung trägt, siehe Abb. 15.
- In einem regelmäßigen Meeting (alle 2 Wochen, monatlich oder vierteljährlich), je nach Gewichtung der Themen, könnt ihr überprüfen, on das Board noch seine Richtigkeit hat.

Worauf musst du achten?
In solch einer Abstimmung kann es heiß hergehen. Daher musst du als Führungskraft neutral sein oder, wenn du selbst stark involviert bist, evtl. eine weitere Person zu holen, die das Abstimmungs-Meeting moderiert. Das kommt aber stark auf die Verteilung der Themen an. Gibt es z. B. Hoheiten oder nicht?

Es sollte eine faire und respektvolle Ebene ermöglicht werden, auch eine Offenheit, Entscheidungsbefugnisse zu erweitern.

Auf einen Blick – für was ist es gut?
- Transparenz
- Abstimmung von Entscheidungen und Verantwortung

TOOL 12 – CUSTOMER JOURNEY MAP

Was hat es damit auf sich? (Hintergrund)

Du willst deinen Kunden verstehen? Na, dann willkommen bei einem weiteren möglichen Tool, das dir dabei hilft. Hier geht es um das, was dein Kunde an seinen »Touchpoints« – Kontaktpunkten – mit deinem Service bzw. dem deiner Firma erlebt. *Customer Journey* meint die Reise und Erfahrung, die deine Kundin in dem von euch kreierten Sales-Prozess durchläuft.

Machen wir zunächst selbst eine solche »Kundenreise«. Du gehst nach der Arbeit abends einkaufen. Erst einmal ist das eine funktionale Tätigkeit. Du hast Hunger und brauchst etwas zu essen. Womöglich hast du auch schon Appetit auf was Bestimmtes. Sobald du in den Laden deiner Wahl reinspazierst, ist Verschiedenes entscheidend für dein Kaufverhalten: die Anordnung der Produkte und deine Vorerfahrung mit bestimmten Produkten, die Gänge, die Art und Weise, wie das Obst drapiert wird, ein Schnäppchen an der Käsetheke womöglich – all das sind eher unterbewusste Reize, die dich triggern. Zum Schluss die lange Schlange. Gerade, wenn wir gestresst sind, scheint es einfach nicht voranzugehen, bis wir irgendwann doch endlich zahlen können. Auch der Verkäufer und dessen Nettigkeit werden bei dir einen Eindruck hinterlassen.

Diese simple Darstellung eines Kauferlebnisses setzt sich aus vielen neurowissenschaftlichen Erkenntnissen zusammen. Übrigens hat Amazon dieses Einkaufsszenario, also die Customer Journey, auch für sich entdeckt und mal wieder ein Kundenerlebnis geschaffen: Im Hauptsitz von Amazon in Seattle hat das Unternehmen einen sogenannten Go-Supermarkt eröffnet. Das Besondere an den Amazon-Go-Supermärkten ist, dass sie keine Kassen mehr haben. So macht Amazon aus einem nervigen Aspekt in »normalen Supermärkten« (vgl. das Beispiel eben!) eine Innovation. Beim Betreten des Ladens muss der Kunde sich lediglich mit einer Smartphone-App autorisieren. Daraufhin beobachten ihn etliche Sensoren und Kameras beim Einkauf, was man natürlich in Anbetracht vieler Diskussionen um Privatsphäre »mögen muss«. Der Kunde kann sich Waren in den Einkaufswagen legen und das Go-System bemerkt es und packt diese in den virtuellen Einkaufswagen. Wenn du etwas doch nicht haben möchtest, registriert das System das auch und entfernt das Produkt wieder aus dem digitalen Einkaufskorb. Hat die Kundin alles eingekauft für ihren Tagesbedarf, verlässt sie den Laden und die gekauften Produkte werden über das Amazon-Konto bezahlt.

Jetzt kommen wir zu dir! Es geht wie in dem Beispiel darum, zu überlegen, was dein Kunde für Erfahrungen macht, also um seine Customer Journey. Die Map kann dir dabei helfen, überhaupt nochmal diese Erfahrung und den Prozess zu hinterfragen und zu verstehen, und sie kann zugleich ein Indikator sein, was du für deinen Kunden verbessern kannst.

Wo findet die Customer Journey Map ihre Anwendung?

Die Ausarbeitung einer Customer Journey kann dir, deinem Team und dem Unternehmen dabei helfen, die Präferenzen und das Verhalten deiner Kunden zu verstehen, um anschließend die Unternehmensaktivitäten auf deren Bedürfnisse auszurichten. Es geht darum, alle Touchpoints bis zur Kaufentscheidung eines Kunden sichtbar und transparent zu machen. Dadurch lassen sich dessen Verhaltensmuster, Motive und Bedürfnisse aufdecken. Die Customer Journey kann deshalb sehr gut unterstützen, das Service-Erlebnis mit deinem Unternehmen zu hinterfragen, sich in den Kunden während seiner Reise mit dir hineinzuversetzen und Ideen zu geben, was womöglich noch verbessert werden kann für das perfekte Kauferlebnis.

Wie setzt du es um?

Als allererstes folgende Aufforderung. Du bist ab jetzt dein eigener Kunde. In dieser Rolle durchdenke den Prozess.

Abb. 16: Customer Journey

#Rules

- Konzipiere einen 3-Stunden- oder einen Tages-Workshop.
- Der erste Schritt ist, zu entscheiden, wer an dem Workshop teilnimmt. Da diskutiert werden soll, empfiehlt es sich, bei maximal 8–10 Personen zu bleiben, um auch (wenn nötig) Entscheidungen treffen zu können. Bei mehr als 10 Personen gibt es viele unnötige Diskussionen und man ist nur selten noch arbeits- bzw. entscheidungsfähig.

- Dann folgt die Entscheidung, welcher Kundentyp die Reise durchlaufen soll, als Grundlage, um die Map anwenden zu können. Dazu erstellst du eine Persona (vgl. Tool 13). Optional kannst du auch mehrere Persona auf die Reise schicken.
- Als nächstes kannst du das Beispiel in Abb. 17 nutzen, um den Prozess zu durchlaufen; hierbei gilt es als erstes zu definieren, welche Touchpoints dein Kunde hat. Beispiele: E-Mail-Newsletter, Service-Personal, Telefon- oder Chat-Ansprechpartner, Service Desk, Werbeplakate, Vertriebsmitarbeiter, Ladengeschäft etc. Spiele den Prozess am besten idealtypisch durch, wo fängt die Reise deines Kunden an, wo hört sie möglicherweise auf?

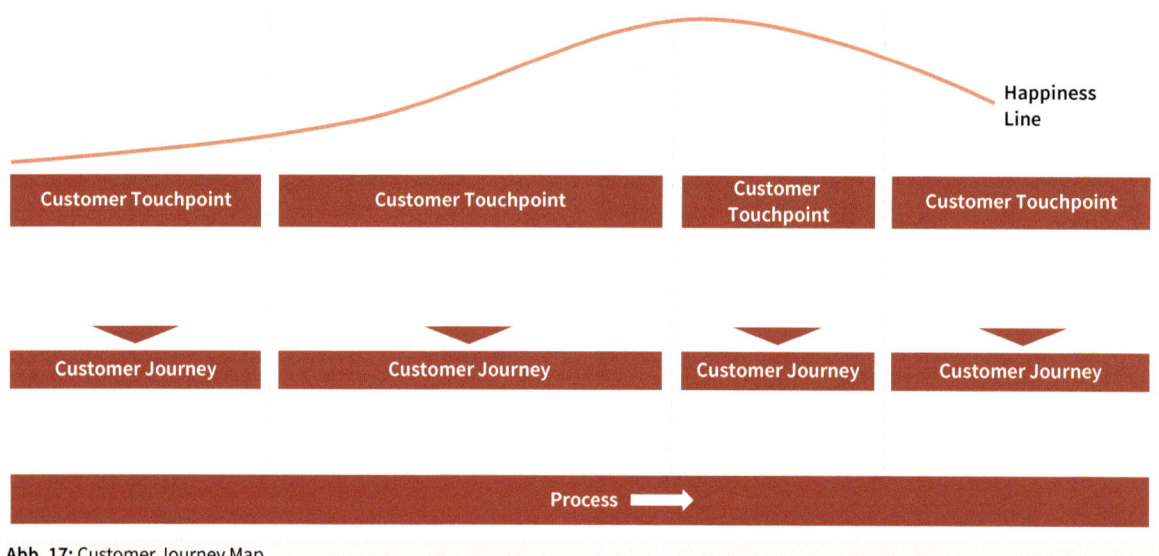

Abb. 17: Customer Journey Map

- Als nächstes beschreibe aus Sicht deines Kunden, welche Journey er wohl durchlebt. Was passiert genau? Wie fühlt er sich? Was für Unterhaltungen führt er wohl mit dem Service- oder Vertriebsmitarbeiter? Oder was liest er von euch? Was erwartet er wohl? Wie nimmt er dein Unternehmen wahr?
- Dann folgen die internen Prozesse, am besten aufgeteilt in *On Stage* – was der Kunde mitbekommt, *Back Stage*, also hinter den Kulissen, und die Support-Prozesse wiederum dahinter.
- Zum Schluss beurteile den jeweiligen Happiness-Faktor und erstelle so eine Happiness Line.
- Aus den Erkenntnissen werden in der Regel To-dos entspringen, wie die Customer Journey noch bedürfnisgerechter gestaltet werden kann.

Worauf musst du achten?

Die größte Herausforderung ist in der Tat, dem Kundenerlebnis treu zu bleiben. Gerne spielt man das Ideal-Szenario durch, wie es womöglich laufen sollte. Es sind aber gerade die Touchpoints, die *nicht* rund laufen, die doch für einige Erkenntnisse sorgen. Begib dich voll und ganz auf die realistische Reise deines Kunden und versuche, so gut wie möglich aus seiner Sicht zu denken. Eine Idee kann sein, selbst mal den Prozess als Kunde zu durchlaufen. Wenn das nicht möglich ist, weil du als interner Kollege bekannt bist, dann ist eine weitere Option, vorab ein paar Kunden zu interviewen und Insights zu sammeln.

Es gibt verschiedene Umsetzungsmöglichkeiten von Customer Journey Maps. Das kann schnell verwirrend sein. Schlussendlich geht es darum, alle relevanten Touchpoints zu durchlaufen und zu hinterfragen. Wie die Map *designed* ist, sollte Nebensache sein. Aber für weitere Inspiration eignet sich die App Pinterest; einfach Customer Journey Map eingeben und du erhältst weitere kreative Umsetzungsideen.

Ein kleiner Hinweis noch zum Schluss: Das gleiche lässt sich genauso gut auf das *Employer Branding* anwenden.

Auf einen Blick – für was ist es gut?

- Customer Insights herausfinden
- Verständnis für das Kauferlebnis des Kunden
- Filtern der besonderen und der nicht geglückten Touchpoints
- Chance, Kundenzufriedenheit zu steigern
- Prozessoptimierung

TOOL 13 – PERSONA

Was hat es damit auf sich? (Hintergrund)

Vielleicht kennst du dies, vielleicht auch nicht: Es gibt Tage, an denen wartest du auf deinen Zug oder einen Bekannten, mit dem du verabredest bist, und hast Zeit, durch die Gegend zu schauen. Du beobachtest Menschen bei deren Unterhaltungen oder wie sie rumlaufen. Als Mensch bist du von Natur aus neugierig, hörst wenn schon etwas genauer zu, da ja eh gerade nichts Weiteres zu tun ist außer warten. Der ein oder andere geht soweit, dass er sich das Leben des anderen ausmalt. Sofern beides für dich fragwürdig klingt, muss ich dich ab jetzt moralisch darauf vorbereiten, dass wir uns nun mit diesem Phänomen in der Geschäftswelt beschäftigen und damit, wie du es bewusst anwenden kannst.

Was ist eine Persona? Und was hat das mit der gerade beschriebenen Situation zu tun? Als archetypische Figur repräsentiert die Persona die Bedürfnisse deiner Kunden: was ihnen wichtig ist, welche Erwartungen sie haben und vieles mehr. Persona veranschaulichen typische Vertreter deiner Kunden. Vielfältige Insights zu deren Lebenswelt machen es dir, sofern du dich in sie hineinversetzt, die Erfahrung möglich, was deren Wünsche, Erwartungen und Bedürfnisse sind, sodass du deinen Service oder dein Produkt daran anpassen kannst. Echten Kundennutzen identifizierst du dadurch, dass du in sie hineinfühlst oder -hörst.

Der gesellschaftliche Wandel und schnelle Veränderungen der Interessenlagen von Kunden stellen neue Anforderungen an Produkte und Services. Da geht es manchmal darum, auch schnell Entscheidungen zu treffen. Die Problematik ist, dass viele Unternehmen anfangen, an sich selbst zu arbeiten, sich mit sich selbst zu beschäftigen, anstatt vom Kunden aus zu denken. Gerade in diesem Fall hilft eine Persona, Anforderungen der Kunden mit einer zielorientierten Vorgehensweise zu analysieren. Und aus der Kundensicht Produkte oder Services weiterzuentwickeln.

Wo findet Persona seine Anwendung?

Wenn es bei dir darum geht, die Kundin besser zu verstehen um Anpassung an deinem Service, Produkt oder gar Geschäftsmodell vorzunehmen, oder wenn du an neuen Themen dran bist, ist die Persona eine spielerische Erleichterung, um sich in den Kunden hineinzuversetzen. Persona helfen dabei, Wünsche von tatsächlichen Anforderungen zu unterscheiden. Dein Team hat in der Entwicklung des Services/ Produkts eine konkrete Bezugsperson, die ihrer Arbeit einen Sinn gibt und mit der sie sich identifizieren

Abb. 18: Persona

kann. Nicht zuletzt ist der Spaß dabei, sich eine Person auszumalen. Dadurch steigt die Identifikation mit dem Projekt insgesamt, was wiederum die Motivation erhöht.

Wie setzt du es um?

Es gibt zwei mögliche Ansätze, um mit einer Persona zu starten: Du hast Interviews geführt, daraus resultieren Ergebnisse, die nun in verschiedene Persona einfließen (oft im Design-Thinking-Prozess zu finden, vgl. S. 123 f. und Grätsch/Knebel 2018), oder du startest anhand deines Wissens über Kundengruppen und erarbeitest die Insights.

#Rules

- Je nachdem, wie viele Persona du durchlaufen möchtest und welche Datenbasis du hast oder eben nicht, kann der Workshop 2 bis zu 6 Stunden beanspruchen. Ohne Datenbasis sind 2–3 Stunden ausreichend. Wenn du vorher Interviews geführt hast, kann es etwas länger dauern, die Ergebnisse herauszufiltern, somit bis zu 6 Stunden.
- Die Teilnehmerzahl ist hier etwas offener, da du verschiedene Gruppen an einer Persona arbeiten lassen kannst. Eine Gruppe kann bis zu 8 Teilnehmende umfassen. Es geht auch mehr, je nach Wunsch, wie intensiv alle miteinander arbeiten sollen.
- Sobald eine Kundengruppe gewählt ist, bspw. »die Einkäuferin«, geht es darum, der Dame auch einen Namen zu geben und ein Bild zu malen. Es gibt auch digitale Lösungen, sie wirken im Gruppengefüge aber weniger spielerisch.
- Nun geht es darum, sich viele Fragen zu stellen. Zum Reinkommen etwa: Wie sieht sie aus? Wie alt ist sie? Wie heißt sie? Das sollt ihr dann auch malen. Stellt ebenso Fragen zum privaten Umfeld: Mann? Kinder? Hobbies?
- Sobald dein Team warmgelaufen ist, geht es immer auch um die Bedürfnisstruktur. Was erwartet die Persona von uns als Unternehmen? Welche Produkte kauft sie gerne ein? Warum? Was ist ihr wichtig in der Zusammenarbeit? Welches Verhalten hat sie in verschiedenen Situationen?

Worauf musst du achten?

Trotz all dem Spielerischen geht es darum, dass der Kunde verstanden wird. Dabei ist es wichtig, dass ihr euch nicht in Details verrennt, etwa, ob die Oma wohl regelmäßig was mit den Enkelkindern macht. Es sei denn, es geht um einen Spielepark ... Nun aber ernsthaft. Achte auf die Ausschweifungen. Kreativer Wahnsinn ist wichtig, verliere aber nicht das Ziel aus den Augen.

Auf einen Blick – für was ist es gut?

- spielerische Methode, um deinen Kunden kennenzulernen
- Produkte und Services am Kundenbedürfnis orientieren
- auflockerndes Tool, um in stressigen Projekten oder Zeiten der Produktentwicklung auch mal wieder Spaß in die Arbeit zu bringen
- gute Ausganglage, um Vertriebsprozesse am Kunden zu definieren

TOOL 14 – EMPATHY MAP

Was hat es damit auf sich? (Hintergrund)

Für dich wird es immer wichtiger, dass du deine Kunden genau kennst, sie verstehst, dich gar in sie hineinversetzt. Die Anforderungen der Kundinnen verändern sich ständig und die Produkte und Dienstleistungen müssen angepasst werden. Im Kern der *Customer Empathy Map* stehen nicht die Produkte und Dienstleistungen, sondern die Kunden, ihre Bedürfnisse und ihre Wünsche. Die Map hilft, Empathie für die Kundinnen zu entwickeln, und erklärt, welche Verhaltensmuster, welche Beweggründe und welche Absichten diese haben. Es geht nicht um eine Abgrenzung der Produkte vom Wettbewerb, sondern um eine Möglichkeit, dem Kunden das perfekt passende Wertangebot zu liefern.

Wo findet die Customer Empathy Map ihre Anwendung?

Die Customer Empathy Map (Abb. 19 ist ein Beispiel) stellt die Kundin in den Vordergrund. Die Wünsche, Absichten, Gedanken und Emotionen sollen nicht nur faktisch zu erkennen und zu erfassen sein, sondern du hast mit diesem Tool die Chance, dich mental und emotional mit dem Kunden zu identifizieren, indem du dich in alles, was du von ihm weißt, nach Sinnesmodalitäten, aber auch nach seinem Denken, Fühlen und Wünschen aufnimmst. Mit diesem Wissen kannst du ein passgenaues Wertangebot auf die Kundenbedürfnisse entwickeln.

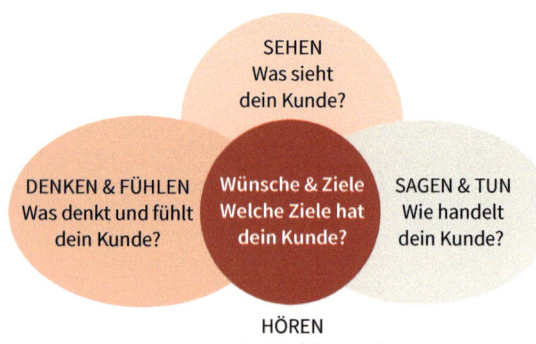

Abb. 19: Empathy Map

Ich wende das Tool immer dann an …

- wenn ich meine Kunden nicht verstehe
- wenn ich meine Kunden besser kennenlernen möchte
- wenn ich Empathie für meine Kunden aufbauen möchte
- wenn ich mich mit meinem Kunden emotional identifizieren möchte

Es gibt zwei Möglichkeiten, eine Customer Empathy Map zu erarbeiten. Die eine Idee ist, du stellst dir deinen Kunden vor und versuchst, dich in diesen hineinzuversetzen und die Felder der Map auszufüllen. Besser ist, wenn du die Möglichkeit hast, in einer Unterhaltung mit deinem Kunden der Sache näherzukommen: Du stellst viele Fragen und füllst parallel die Felder der Map aus. Wenn man ins Gespräch mit dem Kunden kommt, erfährt man deutlicher und klarer seine Denkweise, seine Emotionen und seine Wünsche. Es gibt Orientierungsfragen bei der Bearbeitung der einzelnen Felder.

Wie setzt du es um?
Wichtig ist, dass du in der Map von Feld zu Feld gehst, um die Fragen zu beantworten, sofern du es ohne den Kunden z. B. mit deinem Team machst. Wenn du aber mit der Kundin ins Gespräch kommst, schau dir die Felder vorab an und notiere, was sie sagt. Werde nicht nervös, wenn sie auf Fragen breit antwortet und viele Felder betroffen sind – das heißt nur, du stellst gute Fragen, bei so vielen Antworten.

#Rules
Feld: Denken & Fühlen – Mentale und emotionale Beweggründe
1. Was denkt und fühlt dein Kunde?
2. Was geht in seinem Kopf vor?
3. Was ist ihm wichtig? Was unwichtig?
4. Was bewegt ihn?
5. Was stört ihn?
6. Wovon träumt er? Wovon bekommt er Alpträume?
7. Was möchte er bewegen?
8. Was möchte er verändern?
9. Welche Ansprüche hat er?
10. Welche Bedenken?

Feld: Sehen – Visuelle Beeinflussung
1. Was sieht dein Kunde?
2. Wie sieht sein Umfeld aus?
3. Was sieht er am Arbeitsplatz?
4. Was sieht er in seiner Freizeit?
5. Welche Angebote sieht er täglich? Welche Angebote nerven ihn?
6. Welche Personen sieht er täglich in seinem Umfeld?
7. Wen würde er denn gerne sehen?
8. Wer sind seine typischen Freunde? Welches Bild vermitteln diese Freunde?

Einleitung

Umdenken!

Handeln!

Darüber reden!

Fragen!

Einfach machen!

9. Welche Informationen sieht er täglich? Sind es zu viele? Zu wenige?
10. Welche Informationen sind ihm wichtig? Welche unwichtig, gar störend?

Feld: Hören – Auditive Beeinflussung
1. Was hört der Kunde?
2. Was sagt sein Umfeld?
3. Was hört er am Arbeitsplatz? Was sagt der Chef? Was sagen die Mitarbeiter?
4. Was hört er in seiner Freizeit? Privat?
5. Welche Medien sind für ihn relevant?
6. Wer sind seine typischen Freunde?
7. Wer beeinflusst ihn verbal?
8. Welche Informationen nimmt er auditiv auf? Sind es zu viele? Zu wenige?
9. Welche Informationen sind ihm wichtig? Welche unwichtig, gar störend?

Feld: Sagen & Tun – Verhaltensmuster
1. Was sagt und tut dein Kunde?
2. Was sagt er seinem Umfeld? Was tut er in seinem Umfeld?
3. Welches sind seine Hauptbeschäftigungen?
4. Was sagt und tut er am Arbeitsplatz? In seiner Freizeit? Privat?
5. Verhält er sich je nach Situation unterschiedlich?
6. Wie ist sein Sagen & Tun motiviert? Politisch? Technisch? Intellektuell?
7. Wie ist sein Auftreten?
8. Passt das Sagen & Tun zu seiner Person?
9. Ist er prinzipientreu? Ist er authentisch? Wenn nein, warum nicht?
10. Was sind seine Hobbies? Hat er Zeit für Hobbies? Warum nicht?

Feld: Gains – Wünsche und Ziele
1. Was möchte dein Kunde erreichen?
2. Welche Ziele hat er?
3. Was hat er bereits erreicht?
4. Was motiviert ihn? Im Beruf? In der Freizeit? Privat?
5. Welche Wünsche hat er? Im Beruf? In der Freizeit? Privat?
6. Wie misst er Erfolge? Was kann seine Erfolge beschleunigen?
7. Wie sieht Spaß für ihn aus? Womit hat er Spaß? Kurzfristig? Langfristig?
8. Wovon möchte er mehr haben? Will er mehr haben? Muss er mehr haben?

9. Wie wichtig sind ihm seine Erfolge?
10. Wie wichtig sind ihm seine Ziele und Wünsche?
    Kann man die Wichtigkeit steigern?

Und nun, fragst du dich? – Jetzt kennst du deinen Kunden, und Wissen ist Macht. Was willst du nun im nächsten Schritt machen, um deinem Kunden gerecht zu werden?

Worauf musst du achten?

Es geht um den Kunden, nicht um die Richtigkeit der Fragen. Sei kreativ und finde andere Fragen. Hauptsache, du bekommst tiefe Einblicke in die Person hinter dem Profil »Kunde«. In der Teamzusammensetzung ist es durchaus denkbar, das Ganze spielerisch zu machen. Das Tool Persona und die Empathy Map (Tool 14) können übrigens prima miteinander verbunden werden.

Wenn du mit deinem Kunden im Gespräch bist, dann geht es in erster Linie um die Atmosphäre. Also um Augenkontakt und echtes Kennenlernen. Ich erlebe immer wieder, dass es die Interviewpartner zu gut meinen und sich zu sehr auf die Empathy Map konzentrieren. Sie muss nicht perfekt ausgefüllt sein, sondern der Kunde im Idealszenario perfekt verstanden werden. Keep it simple. Nochmal! – Im Fokus steht der Kunde, lerne ihn also kennen.

Auf einen Blick – für was ist es gut?

- um deinen Kunden zu verstehen (Insights)
- spielerisch die Bedürfnisse des Kunden erfassen
- als Vorbereitung etwaiger Innovationsmethoden
- um eine persönliche Kundenumfrage zu initiieren
- um »im Kleinen« eine Marktforschung zu betreiben, ohne großen Trubel und Freigaben

TOOL 15 – DE BONOS KREATIVES MEETING

Was hat es damit auf sich? (Hintergrund)
Für alle unter uns, die De Bono nicht kennen, eine kurze Hommage an einen wirklich überragenden Denker. Edward De Bono hat sich sehr stark mit kreativem Denken, aber auch mit effektiver Arbeitsweise beschäftigt. Seine Techniken begegneten mir damals während meiner Ausbildung zum Design-Thinking-Coach. Es gibt kaum einen seines Niveaus, der Denken als solches zu hinterfragen verstand. Aus dem Hinterfragen hat er eine Reihe an Techniken entwickelt, um kreativer und effektiver zu arbeiten (vgl. u. a. De Bono 2013).

Der Klassiker unter all den kreativen Meetings, die in Unternehmen so stattfinden, ist das Brainstorming. Schnell und leicht anwendbar. Trotz seiner Stärke ist man dessen oft überdrüssig – dann verkommen Meetings, bei denen es um Entscheidungen geht oder um das Spinnen neuer Ideen, immer wieder zu einem Kreislauf unendlicher Diskussionen. Es liegt sicher nicht an den Teilnehmern. Zumindest in den meisten Fällen. Es ist doch viel mehr das Unwissen, welche Techniken es gibt, um ein Meeting kreativer und anspruchsvoller zu gestalten.

Neben dem Tool Decision Poker, das du bereits kennst, geht es hier darum, dein Rüstzeug im Meeting-Design zu erweitern um eine weitere Methode, die dir hilft, kreativ an Ideen zu arbeiten. Im Design-Thinking-Prozess (vgl. »Design Thinking« unter »Fragen!«) ist dieser Teil in der **Ideation Phase** zu finden: **die Denkhüte.**

Abb. 20: Die sechs Denkhüte

Wo finden die Denkhüte ihre Anwendung?
Die Denkhüte machen bei komplexen Problem- oder Fragestellungen Sinn und helfen bei der Bewertung von Ideen aus verschiedenen Perspektiven.

Zugleich haben sie den Vorteil, dass durch die sechs Perspektiven, die man im Verlauf des Prozesses durchspielt, die Kollegen animiert werden, ihre Gedankenmuster aufzubrechen. Du kennst das sicherlich, jeder hat in einem Meeting auch gerne seine Rolle. So ist eine Person von Haus eher ein kritischer Typ Mensch, die andere womöglich eher Optimistin. Es sind aber doch die *unterschiedlichen* Ansichten, die interessant sind und eine umfassende Bewertung ermöglichen. Durch die Struktur der sechs Denkhüte wird ganz bewusst ohne unnötige Diskussion in alle Richtungen gedacht. Im Design Thinking hat die Methode oft Anwendung in der *Ideation Phase*, um die zahlreichen Ideen zu bewerten, daraus dann zu entscheiden: Mit was machen wir weiter?

Wie setzt du es um?
Die Methodik baut auf sechs verschiedenen Sichtweisen auf: Weiß, Rot, Schwarz, Gelb, Grün und Blau. Diese Rollen werden durch Hüte repräsentiert und entsprechen einem bestimmten Blickwinkel.

Der **weiße Hut** steht für ein neutrales Denken. Sehr analytisch. Also wird hier nur über Zahlen, Daten und Fakten gesprochen, nicht über Meinungen. Der **rote Hut** ist der emotionale Part. Es geht um die Gefühlswelt, das Bauchgefühl zu dem Thema/der Idee. Der **schwarze Hut** ist der Pessimist. Es geht nur um die kritischen Punkte. Zwar ganz klar objektiv, aber kritisch. Quasi der Bedenkenträger. Der **gelbe Hut** ist das komplette Gegenteil. Sehr optimistisch, er sieht die positiven Aspekte. Die Chancen. Der **grüne Hut** ist der Innovator. Der Entrepreneur. In der Rolle geht es um weitere Ideen, das Thema weiterzuspinnen. Oder überhaupt welche zu finden. Zum Schluss gibt es dann den **blauen Hut**, der Manager der Hüte. Dieser sorgt für Ordnung und hat den Überblick, was nun zu tun ist.

Es gibt verschiedene Ansätze, wie diese Denkhüte genutzt werden. Wir werden uns einen ansehen, der dir ermöglicht, dies in einer Teamgröße unter 6 Personen, aber auch in einer größeren Gruppe zu gestalten.

#Rules
- Es können mindestens 3 Personen das Tool nutzen, es geht aber mit bis zu 15 Personen.
- Zeitlich kommt es darauf an, wie du die Methode nutzt. Hast du ein Thema, das noch viele Ideen braucht, wirst du also stark im grünen Hut unterwegs sein. Dann sind 4 Stunden, sogar bis zu 6 Stunden angebracht. Wenn du schon eine Idee hast und über diese Methode eher die Bewertungsgrundlage suchst, dann sind 2–4 Stunden sinnvoll.

- Wir verwenden die Methode nicht klassisch, wobei jeder Teilnehmer einen Hut bekommt und dann gewechselt wird. Wir gehen im Plenum Hut für Hut gemeinsam durch.
- Erst wenn alles zu einem Hut gesagt ist, geht es zum nächsten Hut.
- Tipp: Bei diskussionsfreudigen Gruppen gerne jeden Hut zeitlich eingrenzen. Je nach Intensität mindestens 15 Min., maximal 40 Min.
- Um dem Thema/der Idee gerecht zu werden, startest du mit dem weißen Hut. Es geht erstmal um reine Fakten: Was ist real schon gegeben? Welche relevanten Informationen liegen vor?
- Danach folgt der schwarze Hut, also die Klärung von kritischen Punkten. Was spricht objektiv dagegen? Was sind die Risiken?
- Das Gegengewicht ist der gelbe Hut, der anschließend die Chancen als Diskussion aufmacht. Was haben wir davon als Chance? Was sind die optimistischen Gedankengänge deines Teams? Was spricht dafür?
- Darauf folgt die Ideenphase – der grüne Hut. Ein Ansatz ist, du hast bereits eine Idee, möchtest diese weiterspinnen. Also macht ein Brainstorming dazu, was die Idee noch braucht. Was noch interessant wäre. Oder arbeite mit Szenarien, wie würde das Problem/die Idee/das Thema in 30 Jahren aussehen, was wäre eine Lösung? (Zukunftsbilder helfen, freier zu denken.) Ein weiterer Ansatz ist, eine weitere Methode hinzuziehen, um viele Ideen zu spinnen, wie die 6-3-5-Methode oder das Zufallswort von De Bono.
- Der rote Hut als nächstes fängt die Emotionen ein. Wie denken die Teammitglieder nun über das Thema? Was wiederum wichtig für das Stimmungsbild ist: Wo steht ihr als Team zu dem Thema?
- Zum Schluss kommt der blaue Hut. Der sorgt für die Fakten und das Sammeln möglicher To-Dos – es geht um die Organisation und nächsten Schritte, die dein Team nun zu planen hat. Was brauchen wir noch anhand der Erkenntnisse aus der roten Hut-Phase? Was sind Bedenken? Oder Risiken aus der schwarzen Hut-Phase? Lohnt es sich wegen der erkannten Chancen aus der gelben Hut-Phase? Und bringen die Ideen aus der grünen Hut-Phase das Thema weiter? Was muss passieren? Nochmal neue Ideen spinnen? Oder weitere Fakten sammeln? Oder ein Prototyp und Testen?

Worauf musst du achten?

Die Idee hinter der Methode ist, eine Struktur zu schaffen, allerdings in einem kreativen Rahmen. Es ist also darauf zu achten, jede Phase bewusst zu durchleuchten. Nicht mal

Gelb und dann wieder Rot. Jede Phase bedarf einer gewissen Zeit. Die Herausforderung ist es, dass die Teammitglieder auch alle in der vorgegebenen Phase mitdiskutieren. Manche wollen nicht aus der Komfortzone, weil sie wenig Lust haben, optimistisch zu denken, andere schaffen es nicht, konzentriert in einer Phase zu bleiben und springen mit den Aussagen von optimistisch zu Risiko und so weiter. Achte also darauf, dass jede/r einmal etwas zu einer Phase gesagt hat, denn nur so bricht man das Denken auf, sodass jede Person einmal neue Perspektiven einnimmt. Für strukturiertes Vorgehen wirst du hin und wieder darauf hinweisen müssen, dass erst die eine Phase abzuschließen ist, ehe die andere folgt. Also erinnere bei den Diskussionen daran, wenn die Beteiligten gerade im falschen Hut »stecken«.

Auf einen Blick – für was ist es gut? !
- neue Perspektiven einnehmen
- kreative Struktur schaffen
- ein Meeting mal frisch gestalten, um zu diskutieren
- höhere Motivation und Teilnahme im Meeting

TOOL 16 – KILL YOUR COMPANY

Was hat es damit auf sich? (Hintergrund)
Dazu direkt eine zu klärende Frage: Was trennt Disruption von Innovation?! Der Umgang mit der Veränderung, dem Neuen, der Herausforderung!

Viele Unternehmen beschäftigen sich immer noch viel zu sehr mit sich, wo doch längst klar ist, dass es nur eines Wimpernschlags bedarf und ein anderes Unternehmen erschafft einen ganz neuen Markt – und im Worse Case hat sich damit dein Markt völlig erübrigt.

Die eigene Denkweise braucht einen Anstrich. Viele kennen es noch, dass es normal war, ein ganzes Leben bei *einem* Arbeitgeber zu verbringen. Und so haben sich natürlich auch Traditionsunternehmen ihrer selbst sicher gefühlt nach all den vielen Jahren des Aufschwungs. Aber das Wort Sicherheit existiert nicht mehr, so lange man nicht bereit ist, sich mit dem Unsicheren auseinanderzusetzen. Es liegt in der Natur der Sache, dass es schmerzlicher ist, sich dessen anzunehmen, was eben herausfordernd ist. Das ist menschlich. Aber als Unternehmen kann man es sich nicht mehr leisten zu akzeptieren, dass die Mitarbeiter unzufrieden sind, denn sie gehen inzwischen weg. Noch weniger kann man sich leisten, Umsatzeinbrüche zu akzeptieren. Aber erst, wenn das passiert, fängt in der Regel ein wahrer Aktionismus an. Es geht aber darum, *rechtzeitig* das eigene Unternehmen zu hinterfragen. Nicht erst dann, wenn es zu spät ist. Deswegen stelle ich dir hier die Methode *Kill your Company* vor. Eine von vielen Methoden, die dir im Management dabei helfen soll, mal wirklich out of the box zu denken. Dir ein Szenario zu malen, was wäre denn wenn … – und wie müsst ihr als Unternehmen darauf reagieren?

Wo findet Kill your Company seine Anwendung?
Überall dort, wo das Interesse da ist, sich stetig als Unternehmen zu hinterfragen. Es unterstützt dich dabei, mal dein Denken zu erweitern, indem verschiedene Szenarien durchdacht werden. Es deckt außerdem die »blinden Flecken« im gesamten Unternehmen auf. Wenn es also darum geht, deine Vision oder Strategie zu hinterfragen, dann ist das genau dein Tool. Idealerweise wird es zu einem jährlichen Ritual der Reflexion.

Wie setzt du es um?
Selbstdisruption bringt ganz gezielt neuartige Produkte oder Services auf den Markt. Dieses Tool ist genau der erste Schritt, sich selbst derart intensiv hinterfragen zu

können, dass man sein eigenes Unternehmen komplett in Frage stellt.

#Rules
- Es können mindestens 3 Personen, maximal 6 Personen das Tool nutzen, da es eine intensive Arbeitsgruppe sein sollte.
- Diese besteht im Idealfall aus dem Management.
- Das Tool kann mindestens 2 Stunden in einem Meeting oder bis zu einem Tages-Workshop verwendet werden.
- Es geht nun darum, den Angriff eines Wettbewerbers, Startups oder anderer Branchen zu inszenieren, also bewusst die Vorstellung durchzuspielen, dass das eigene Unternehmen durch externe Einflüsse wie Rechtslage etc. nicht mehr zu halten ist. Gedanklich geht es also raus aus der Komfortzone, rein in die *Disruption Zone*.
- Stell dir nun die verschiedenen Szenarien Baustein für Baustein vor (vgl. Abb. 21).
- Angefangen bei der ersten Raute: **Unser Geschäftsmodell stirbt, wenn unser Wettbewerber es schafft, …** Hierbei geht es darum, herauszufinden, was passiert, wenn es in deiner Branche neue Erkenntnisse und Weiterentwicklungen gibt, und was daran dein Unternehmen »schachmatt« setzen wird. Was wären entscheidende Innovationen in deinem Umfeld? Was fehlt allen, so dass der, der es findet, die Marktmacht einnehmen wird? Etc.
- Als nächstes stellt sich die Frage (Raute links unten), **wer künftig euer Wettbewerber sein wird und wodurch**. Entscheidend bei dem Baustein ist es, den Wettbewerb weiterzudenken. Denn Branchen außerhalb deines Business oder Startups warten nur darauf, eine gute Idee auch in deinem Geschäftsfeld zu entwickeln. Also: Wer könnte dein Unternehmen auf den Kopf stellen? Mit was? Was müssten sie schaffen, um …?
- Dann folgt der Baustein (rechts oben): **Unser Angebot hat keinen Wert mehr für … wenn …** Jetzt kommt die interne und externe Sicht dazu, also die von Kundinnen, Mitarbeitern, weiteren Stakeholdern. Also versetze dich in deren Lage: Was für einen Wert hat dein Unternehmen denn noch, wenn … passiert? Hat es dann noch Wert? Was lässt dein Angebot alt aussehen im Vergleich, wenn zukünftig was viel Besseres zur Verfügung steht?
- Als letzte Frage folgt (rechts unten): **Was haben wir vor, dass es erst gar nicht so weit kommt?** – Dies ist meistens die größte Herausforderung für Unternehmen. Denn all die Gedanken, Themen und Herausforderungen, die aufgekommen sind, müssen in die Tat umge-

setzt werden. Es empfiehlt sich auch dazu eine agile Vorgehensweise: Herausfinden, Probieren, Lernen und wieder von vorne. Daher bieten sich in diesem Teil, sofern Herausforderungen entstehen, folgende Fragen an: Was brauche ich noch an Informationen? Mit was wollen wir anfangen? Wie setzen wir den »Piloten« auf? Wann treffen wir uns wieder, um das weiter auszugestalten? Bis wann setzen wir unsere Gedanken um? Wenn ihr etwas erprobter seid, lohnt es sich, die Erkenntnisse in die Jahresstrategie einfließen zu lassen und daraus eine Regelmäßigkeit zu entwickeln.

Abb. 21: Kill your company Denkvorlage

Worauf musst du achten?

Die Methode verlangt mehr ab, als es scheint. Denn es geht darum, dein eigenes Unternehmen auf den Kopf zu stellen. Da du womöglich seit vielen Jahren dort bist, kann es sein, dass es dir anfänglich schwerfällt, über den Tellerrand zu schauen. Da hilft es manchmal, branchenfremde Messen oder Konferenzen zu besuchen oder anderweitig externes Wissen auszubauen. Denn – noch einmal – es geht darum, wirklich außerhalb der eigenen Denkstrukturen zu arbeiten. Sie stellen so viele Jahre deines Handelns dar, dass es wichtig ist, sich dessen bewusst zu sein und die Komfortzone in aller Härte zu verlassen. Ein weiterer wichtiger Aspekt ist, nicht einen Tag lang disruptiv zu denken und dann erst Wochen später nächste Schritt zu planen. Sieh dieses Tool als Kick-off einer neuen Ära deines Unternehmens. Also lass nicht wieder Wochen, gar Monate vergehen, während andere Player am Markt bereits tüfteln. Es geht darum, die Erkenntnisse schnell in die Umsetzung zu bringen. Sonst braucht es diesen Workshop nicht. Einige Unternehmen sehen ihn als Erkenntnisgewinn und sind damit zufrieden. Genügt dir das?

Auf einen Blick – für was ist es gut?

- Innovation
- neues Denken
- Strategie- und Visionsentwicklung
- Aufdecken blinder Flecken im Unternehmen
- Erkenntnisse für Handlungsfelder

TOOL 17 – TIMESHIFT: WO GEHT MEINE ZEIT HIN?

Was hat es damit auf sich? (Hintergrund)

Wo geht die Zeit hin? Das ist eine Frage, die wir uns irgendwann nach der Schulzeit stellen, im Bedauern, den 6 Wochen Ferien nicht mehr Wertschätzung entgegengebracht zu haben. Auch Alice im Wunderland stellt das typische Szenario einer Führungskraft dar in dem Filmzitat: *»Oh seht, oh seht! Ich komme viel zu spät. Grüß Gott, bis bald, auf Wiedersehn, muss gehn, muss gehn, muss gehn.«*
Zeit – die wertvollste und überhaupt nicht beeinflussbare Ressource, die sich kaum zurückdrehen lässt, denn sobald eine Minute um ist, gehört diese zur Vergangenheit.

Umso wichtiger ist es, deine Zeit bedacht zu planen. Denn sie kommt nicht zurück. Du kannst aber die Zukunft und das, was du mit deiner Zeit machst, sehr wohl hinterfragen und überlegen ob du deine Zeit sinnvoll verteilst. Im Kontext der Agilität ist Zeit sehr wertvoll. Denn dein Handeln muss sich auf sie einstellen. Wenn die Zeit dich lenkt und nicht du die Zeit, wie willst du dann Zeit für Innovation aufbringen oder Zeit finden, um deinem Team gerecht zu werden?

Zeit hat mit Entscheidungen zu tun. Auch mit Delegation – dem Abgeben von Verantwortung. Interessant ist der Aspekt, dass in der agilen Welt *grundsätzlich* darum geht, ein selbstorganisiertes Team zu bilden, es also wichtig ist, Dinge nicht selber zu machen, sondern anderen die Verantwortung dafür zu übertragen.

Dieses Tool zielt also auf die Einteilung deiner Zeit und die Delegation von Aufgaben. Um mehr Zeit zu haben und gleichzeitig einer anderen Person mehr Verantwortung zu übertragen. Für alle, die sagen, »das muss ich aber wirklich selber machen«: Wenn du nicht bei der CIA arbeitest oder am offenen Herzen operierst, versuche einfach mal, Verantwortung abzugeben. Bei der Entwicklung dieses Tools stand ich genau vor derselben Herausforderung: Zeit besser einzuteilen und abgeben zu lernen.

Wo findet Timeshift seine Anwendung?

Du wirst dich wundern, denn so agil ist dieses hier gar nicht. Aber die Haltung dahinter: zu erkennen, wo deine Zeit hingeht. Und dann durch deine «neue» agile Haltung zu hinterfragen, was du wirklich selbst machen musst oder wo es nun darum geht, dass jemand anderes seine Aufgaben erweitern kann. Du lernst abgeben, der andere lernt, durch neue Aufgaben mehr Verantwortung zu übernehmen und dadurch ergibt sich auch ein persönliches Wachstum. Der beste Effekt dabei – du hast mehr Zeit!

Wie setzt du es um?

Das Tool ist für dich und deine Analyse bestimmt. Ähnlich wie Tool 19, Design Yourself, ist es eine Unterstützung, an deiner Haltung zu arbeiten, zugleich eine Chance, dich zu entlasten, dir selbst mehr Raum als Führungskraft zu ermöglichen. Und das in ganzen vier Schritten.

#Rules
- **Step 1** – das Minutenprotokoll.
  Erst wenn du weißt, wo deine Zeit hingeht und welche Aufgaben in ihr erledigt werden, kannst du analysieren, was sinnvoll ist und was nicht. Schreibe einen Monat lang auf, wann du welche Tätigkeit machst. Also führe täglich ein Zeitprotokoll. Bspw. 8.30–9.00 Uhr Telko xy, 9.15–9.50 kurzes ungeplantes Gespräch mit Mitarbeiter x, 10.00–13.00 Uhr Meeting und so weiter. Du wirst nach einem Monat erkennen, ob du bewusst deine Zeit strukturierst, nämlich in Blöcken arbeitest, ob du viele Sachen anfasst und dann doch was anderes machst, ob du dich rausbringen lässt und was alles an Aufgaben zeitlich bei dir liegt. Analysiere danach: Wie strukturiere ich mich? Wo geht meine meiste Zeit hin? Lasse ich mich rausbringen? Welche Aufgaben haben mir welche Zeit genommen? Was waren all die Aufgaben? Wieviel Zeit floss in Meetings? Kann ich konzentriert an einer Sache arbeiten? usw. – Notiere alles.
- **Step 2** – Meinungsprotokoll.
  Warum denke ich, dass diese Aufgabe und die Teilnahme an jenem Meeting in meiner Verantwortung liegen? Mache dir ein genaues Bild. Teile deine Teilnahmen an Meetings und Aufgaben in drei Cluster ein:
  – Liegt zu 100 % bei mir, weil …
  – Kann ich abgeben, unterstütze aber.
  – Das delegiere ich zu 100 %.
  Untermauere die Darstellung auch zeitlich und überlege, sofern du dich schwertust, was eine Abgabe zeitlich für dich bedeuten wird.
- **Step 3** – Risk or Chance?
  Wenn du dir unsicher bist, hinterfrage bei den Aufgaben, was passiert, wenn ich es nicht selber mache oder nicht selbst hingehe? Was nützt es? Was ist zu unsicher, evtl. sogar risikoreich?
- **Step 4** – Was gebe ich zukünftig ab?
  Zurre nun deine Gedanken fest, übergib Verantwortung und gewinne selbst mehr Zeit.

Worauf musst du achten?

Ganz einfach – verarsche dich nicht selbst! Wir denken allzu gerne, dass die Welt sich ohne uns nicht weiterdreht. Sei also offen für die Chance, mehr Zeit zu haben, und noch offener für die Chance, dass andere sich weiterentwickeln können, weil du ihnen mehr Verantwortung gibst. Denn: Möchtest du agieren oder reagieren in deinem Führungsalltag?

Auf einen Blick – für was ist es gut?

- mehr Zeit für strategische Planungen oder neue Aufgaben
- mehr Ruhe im eigenen Handeln, die Chance, bedachter zu sein
- Entscheidungen sind ausgewogener, da mehr Zeit übrig ist
- dein Mitarbeiter oder deine Kollegin hat die Chance zu mehr eigener Verantwortung

TOOL 18 – DER AGILE JOHARI

Was hat es damit auf sich? (Hintergrund)

Kennst du schon Johari? Am besten, wir beschäftigen uns erst mit seinem klassischen Hintergrund, bevor wir die »agile« Variante testen. Das Johari-Fenster wurde 1955 wurde von Joseph Luft und Harry Ingham in den USA entwickelt und spielt seitdem eine große Rolle in der Sozialpsychologie. Die Namen der Erfinder findest du in der Namensgebung Johari wieder.

Grundsätzlich ist das Bild, das man von sich selbst über die Jahre gebildet hat – das »Selbstbewusst sein« – selten vollständig. Das liegt unter anderem an dem so genannten blinden Fleck. Oftmals weiß dein Umfeld Dinge über dich, die du selbst nicht von dir weißt. Also ist der Teil deines Ichs wichtig, den du selbst von dir nicht kennst. Somit dient das Johari-Fenster einem besseren Selbst- und Fremdbild.

Das Johari-Fenster (Abb. 22) unterteilt sich in vier Dimensionen.

Damit sind wir aber noch nicht beim agilen Johari (Abb. 23) angekommen. Als Führungskraft ist dieses Tool für dich die Chance, mehr Feedback zu erhalten. Das wiederum gibt dir den größtmöglichen Hebel der Reflexion.

Im Agilen begegnen dir regelmäßig Werte wie Transparenz oder auch Vertrauen. Dieses Tool hat damit sehr viel zu tun, denn es legt soziale Fakten zu deiner Person auf den Tisch. Es ist eine sehr ehrliche Variante von Feedback zu einer Person. Zugleich lässt es sich auch im Team anwenden.

Wo findet das Johari-Fenster seine Anwendung?

Die vorrangige Idee des Johari-Fensters ist es, unseren persönlichen und gemeinsamen Handlungsspielraum zu erweitern, indem wir mehr über uns selbst erfahren und mehr Sicherheit in unserem Fremdbild erlangen. Dies wird

Mein Geheimnis Das weißt nur du über dich!	**öffentlich** sichtbare Handlungen, Selbst- und Fremdbild im Einklang
unentdeckt Weder du noch andere kennen diesen Teil von dir. Dein Unterbewusstsein.	**Blinder Fleck** Dies wissen andere von dir, du selbst kennst diesen Anteil aber nicht!

Abb. 22: Das Johari-Fenster

uns zugleich ein hohes Maß an Reflexion ermöglichen. Viele Führungskräfte haben Bedenken, ein zu genaues Bild von sich zu bekommen. Andere wiederum würden sich über ein ehrliches Feedback freuen. Egal, wie du bis jetzt darüber gedacht hast: Feedback sollte immer eine Chance für deine persönliche Entwicklung sein. Gerade im der veränderten Arbeitswelt, wo auch die Rolle als Führungskraft sich immer mehr wandelt, geht es darum, sich als Person und in der Rolle schnell zurechtzufinden.

Nun kannst du hingehen und sagen, du ziehst deinen Weg weiter durch. Es läuft ja auch gut. Besser ist es aber, wenn du dein Team hinter dir stehen hast. Und ich erlebe immer wieder, es sind die nahbaren Führungskräfte, die inzwischen gefordert sind. Die echten Menschen hinter der Rolle. Es geht nicht mehr darum, immer stark zu sein, angeblich alles zu können. Es sind die Ecken und Kanten, die uns zu guten Führungskräften machen. Und das Johari-Fenster deckt das mit deinem Team gemeinsam auf. Ebenso haben deine Teammitglieder die Chance, persönlich zu wachsen, indem sie ein sehr offenes Feedback erhalten, das ermöglicht dann wiederum eine offene Feedback-Kultur in deinem Team.

Wie setzt du es um?
Du hast die Möglichkeit, es in einem Zweiergespräch zu nutzen oder als Teambuidling-Maßnahme mit allen.

#Rules
- Je nachdem, wie viele mitmachen, solltest du 2–3 Stunden ermöglichen. Als erstes legt ihr Feedback-Regeln fest, u. a.:
    - Eine feste Regel: Feedback ist nur konstruktiv mit einem Beispiel; ein Wort zu einem Verhalten wird nicht akzeptiert, wenn keine Situation erklärt werden kann. Bspw. »du bist nervig« – das gilt es zu erklären: »Ich finde dich nervig, wenn du oft an meinen Platz kommst, ich fühle mich kontrolliert.« So kann der Feedback-Empfänger auch bewusst etwas ändern.
    - Konstruktives Feedback wird angenommen ohne Rechtfertigung.
- Kommen wir zur Durchführung: Euer »Fenster« hat so viele Spalten, wie Personen beteiligt sind, und deren Namen stehen in der obersten Zeile.
- Nun sollte jede/r die Selbstbild-Felder (Abb. 23, Zeile 1 und 3) für sich ausfüllen. In einem Zweiergespräch (wenn du Feedback konkret von einem Mitarbeiter

holst) kann das vorab gemacht werden. In einer Gruppe lohnt es sich, es zusammen vor Ort zu machen.
- Konkret: Ich selbst befülle also zu mir die Felder »Das denke ich über mich« und »Ein Geheimnis, das ich teilen möchte«. Dabei geht es darum, sich ein Selbstbild zu schaffen und etwas mit der Gruppe zu teilen, von dem ich glaube, das weiß keiner von mir. Je nachdem, wie offen ich sein möchte, kann das ein peinliches Erlebnis sein oder sogar, für Offenere unter uns, ein Geständnis wie »manchmal habe ich Angst …«
- Das Feld »Das denken andere über mich« wird von den Feedbackgebern ausgefüllt. Bspw. schreibt hier deine Mitarbeiterin A über dich etwas, du wiederum etwas zu ihr. Nochmal: es ist wichtig, dass Feedback mit einem Beispiel verständlich zu machen. Die Summe dieses Feldes ist das Fremdbild für diese Person und zeigt ihr: Was sehen andere bei mir? Für dich: Wie sehen mich meine Mitarbeiter?
- Der blinde Fleck ist ein Verhalten, bei dem ich das Gefühl habe, mein Gegenüber weiß das selbst nicht von sich. Das bitte auch zu jeder Person aufschreiben in die unterste Zeile (die Notiz mit deinem Namen versehen).
- Dann geht ihr in die Feedbackrunde. Hier gibt es zwei Vorgehensweisen: Entweder arbeitet ihr euch Zeile um Zeile für jede/n Beteiligte/n durch, angefangen mit »Das denke ich über mich« und so weiter. Oder ihr macht es von Person zu Person und dann alle Punkte direkt nacheinander.
- Beispiel: Erst erzählt Mitarbeiter A, dann B etc. über die erste Zeile und dann kommt erst die nächste Zeile »das denken andere über mich« usw., oder jeder kommt nach und nach dran als Person und ihr spielt es komplett durch. Ich persönlich empfehle Ersteres.
- Wenn alle fertig sind, überlegt ihr sehr offen, was ihr nun mit dem Feedback macht. Manchmal ging es nur darum, alles mal anzusprechen. Oder ihr wollt damit weiterarbeiten, ein Ritual daraus machen, dann ist auch das Speedback denkbar.
- Für dich als Führungskraft ist das Feedback sehr wertvoll, um an deinem Verhalten arbeiten zu können.
- Die Abbildung ist eine mögliche Vorlage.

Worauf musst du achten?
Da es sich um ein sehr sensibles Feedback-Tool dreht, ist es von großer Bedeutung, eine vertrauensvolle Atmosphäre zu schaffen. Das Tool gilt deinem Team, und dass es *im Team* gemacht wird, entlastet dich als Person, da es um alle und nicht nur um dich geht. Das ist auch genau der Tenor von Agilität, dass alle im gleichen Boot sitzen und gemeinsam an sich und mit sich arbeiten. Dennoch wird durch den

Johari-Fenster	Name	Name	...
Das denke ich über mich…			
Das denken andere über mich…			
Ein Geheimnis, das ich teilen möchte…			
Blinder Fleck			

Abb. 23: Der agile Johari

offenen Austausch und dein Mitmachen eine Chance ermöglicht, indem du viel erfährst über dein Fremdbild, was gerade als Führungskraft wichtig ist, denn um als Coach walten zu können, ist es wichtig, dass du angenommen wirst in dem, was du tust und wie du es tust. Der blinde Fleck ist mit das Spannendste dabei, gibt er doch jedem die Chance, zu wachsen.

Ein wichtiger Hinweis: Wenn Selbst- und Fremdbild weit auseinandergehen, empfiehlt es, dies stehenzulassen und mit dem »Betroffenen« nochmal unter vier Augen zu sprechen, um zu klären, woher die große Diskrepanz kommt. Dabei ist es wichtig, dass du als Führungskraft mal die »betroffene Person« sein kannst, nun ist deine Chance auf Feedback groß, nutze sie!

Auf einen Blick – für was ist es gut?
- ehrliches und offenes Feedback
- den blinden Fleck entdecken
- durch Vertrauen eine Wir-Kultur schaffen

TOOL 19 – DESIGN YOURSELF (FK)

Was hat es damit auf sich? (Hintergrund)

Das ganze Buch hindurch sprechen wir schon von Veränderung und sehen, wie sich das auf deinen Führungsalltag, gar dein Management-Konzept niederschlägt. Als Führungskraft bedeutet die Veränderung der Arbeitswelt, mit dem einhergehenden gesellschaftlichen Wandel, dass die Anforderungen an deine Person sich ändern. Jetzt ist das zunächst ein äußerer Faktor, denn Führungskraft ist deine Rolle, nicht der Mensch dahinter. In der agilen Welt, auch das ist dir inzwischen sicher aufgefallen, geht jedoch alles ein wenig menschlicher zu. Der Mensch steht im Fokus. Da wir viel darüber gesprochen haben, was du für deine Mitarbeiterinnen oder Kunden tun kannst, geht es nun speziell nur um dich. Wichtig ist, dass die vorangegangenen Tools, die gerade auf Feedback zielen, eine gute Grundlage sind, um dein bewusstes Handeln als Führungskraft kraftvoller gestalten zu können.

Design Yourself soll dir eine Anleitung sein, auch mit dir selbst in die Reflexion zu gehen. Immer mal wieder die Chance zu haben, dich selbst zu überprüfen – aber unter unterschiedlichen Gesichtspunkten. Einerseits geht es darum, dass du dir treu bleibst, trotz oder gerade wegen der steigenden Anforderungen an dich. Innere Stärke und zu wissen, für was man steht, ist wichtig, geht aber bei Vielen im stressigen Alltag verloren, und Jahre später ist man sich nicht sicher, ob man so sein will in seiner Rolle, evtl. sogar als Mensch. Es geht darum, dein Standing zu wahren. Gerade wenn das »gesichert« ist, kannst du den volatilen Zeiten viel besser entgegensehen, zugleich bist du in der Lage, mit Feedback deiner Mitarbeiter besser umzugehen: Du bist dir deiner selbst sicher.

Das ist bis jetzt der persönliche Teil gewesen. Fachlich geht es auf der anderen Seite darum, dass du dir überlegst, welche Führungsinstrumente du nutzen möchtest, welches Management-Konzept dir zusagt, was die Führungserfahrung dich gelehrt hat und wie du methodisch und fachlich deinen Führungsalltag gestalten willst.

Was nun kommt, ist methodisch gar nicht zwangsläufig total agil. Es ist auch kein alter Wein in neuen Schläuchen. Es ist die Art und Weise, wie du dich als Führungskraft regelmäßig hinterfragst. Wer bis jetzt glaubte, dass Agilität sich in vielen neue Tools zeigt, lag leider falsch. Es sind lediglich neue und alte Werkzeuge vereint, um die Haltung der Agilität zu wahren.

3

Wo findet Design Yourself seine Anwendung?

Dieses Tool unterstützt deine Haltung, deine Reflexion, ein gesundes Menschenbild und ein klares Wertebewusstsein, gepaart mit Handlungsabsichten. Wann immer du dich selbst hinterfragen oder dir mal wieder mehr Sicherheit schenken willst, ist das Tool die Chance, dich auf dein Können, vor allem aber dich als Person zu besinnen.

#Rules

- Nimm dir 2 Stunden Zeit, um die Felder (vgl. Abb. 24) nach und nach durchzugehen.
- In der Regel nehmen wir uns selber nicht oft genug die Zeit, uns überhaupt als Person zu reflektieren, daher wird es an der einen oder anderen Stelle schwer sein. Wichtig ist, dass du dann trotzdem erst den Fokus auf ein Feld legst, bevor du weitergehst.
- Arbeite dich von links nach rechts.

Deine Stärken
Was schätzt du an dir?
Was bewundern andere an dir?

Deine Fähigkeiten
Was kannst du besonders gut?
Was ist dein USP?
Welche Fertigkeiten hast du?

Erfahrung
Was sagt deine Karriere bis jetzt über dich?
Was hast du an berufl. Erfahrung?

Design Yourself
Wie sieht dein Bild von Dir in einem Jahr, in 5 Jahren und 10 Jahren aus?
Was treibt dich an?
Für was stehst du morgens auf?
Was sagen deine Mitarbeiter über dich?
Wie wirst du führen?
Was ist hierfür zu tun?

Deine Schwächen
Was macht dich aus, was du eben nicht kannst?

Dein Wissen
Was fehlt dir noch an methodischem oder fachlichen Wissen?
Oder persönlich?

Dein Werkzeugkoffer
Welche Management-Tools hast du schon im Werkzeugkoffer?

Abb. 24: Design Yourself

Also erst deine Stärken, dann deine Schwächen. Dann folgen deine Fähigkeiten usw.

- Wenn alle sechs Felder geklärt sind, folgt das letzte Feld »Design Yourself« – das spannendste. Es geht darum, dein Zielbild von dir selbst zu finden anhand der vorher beantworteten Fragen.
- Das Feld dient deinem Zukunftsbild, und daraus entstehende Aufgaben werden dir dabei helfen. Mache dir daher bewusst, was du zu tun hast, um dahin zu kommen, wo du möchtest.
- Anschließend machst du aus diesen Gedanken einen Plan.
- Das Tool kann zur regelmäßigen Reflexion verwendet werden, ob monatlich oder jährlich, ist deine Entscheidung. Es sollte nur ein regelmäßiges Ritual werden.

Worauf musst du achten?

Im gesamten Buch hast du immer wieder darüber gehört, dass es als Führungskraft um Veränderung geht. Nicht zuletzt den Märkten geschuldet. Daher bietet dir das Tool eine Möglichkeit, deine eigene Veränderung, Weiterentwicklung, deinen Weg mit dir an sich zu gestalten. Achte also darauf, es regelmäßig als Frage-Tool für dich und deine Reflexion zu nutzen.

Auf einen Blick – für was ist es gut?

- Reflexion
- Selbstbild zur eigenen Aussteuerung im Umgang mit anderen
- Zielbild kristallisieren und regelmäßig hinterfragen

TOOL 20 – BUSINESS MODEL CANVAS

Was hat es damit auf sich? (Hintergrund)

Das Tool *Business Model Canvas* (BMC) wurde 2004 von Alexander Osterwalder entwickelt. Die Idee dabei ist es, sich mit deinem (oder einem) Geschäftsmodell kompakter auseinanderzusetzen. Besonders die treibenden Kräfte zu analysieren. Als Führungskraft ist es deine Aufgabe, neue Geschäftsmodelle oder Innovationen mit deiner Firma zu entwickeln, idealerweise mit minimalen Kosten und unter Einsatz minimaler Ressourcen, aber maximalem Output. Das Tool ist eine Planungsmethode, bei der man alle Aspekte eines Unternehmens bzw. einer Geschäftsidee strukturiert.

Steht man als Startup oder als Innovationsbereich noch weit am Anfang, kann man ausgehend von vorhandenen Ressourcen planen oder von dem Nutzen, der für die Kunden geschaffen werden soll. Geht es um Optimierungen von bereits laufenden Services oder Produkten, wird man wohl eher zuerst alle vorhandenen Gegebenheiten eintragen und dann Punkt für Punkt nach Schwachstellen, neuen Chancen, Herausforderungen oder Verbesserungen suchen.

Wo findet die Canvas ihre Anwendung?

Wenn kreative Ideen, erste Prototypen oder bereits bestehende Produkte oder Services weiterentwickelt werden wollen, um daraus geschäftsreife Ideen zu machen, dann ist die Business Model Canvas ein mögliches Tool dazu. Eine weitere Idee ist es, nach einem Design-Thinking-Prozess die BMC zu nutzen. Oft ist es doch so, wenn der Design-Thinking-Hype unstrukturiert durch das Unternehmen wütete, dass es zwar sehr viele, wahrscheinlich tolle Ideen gab, aber leider keinen nächsten Schritt. Mit den sechs Denkhüten von De Bono (vgl. Tool 15) kannst du inzwischen Ideen kreativ bewerten. Sofern sich daraus eine Idee oder zwei/drei als relevant entpuppen, kannst du sie mit diesem Tool nach der Geschäftstauglichkeit hinterfragen.

Wie setzt du es um?

Die Business Model Canvas hat 9 Felder, die Feld für Feld betrachtet werden. Die Gruppengröße zur Bearbeitung sollte nicht über 10, maximal 12 Personen gehen. Es soll ja ein Workshop sein. Da machen oft kleine Gruppen mehr Sinn.

Es geht darum, die hier abgebildete Canvas als Grundlage des neuen Geschäftsmodells zu nutzen.

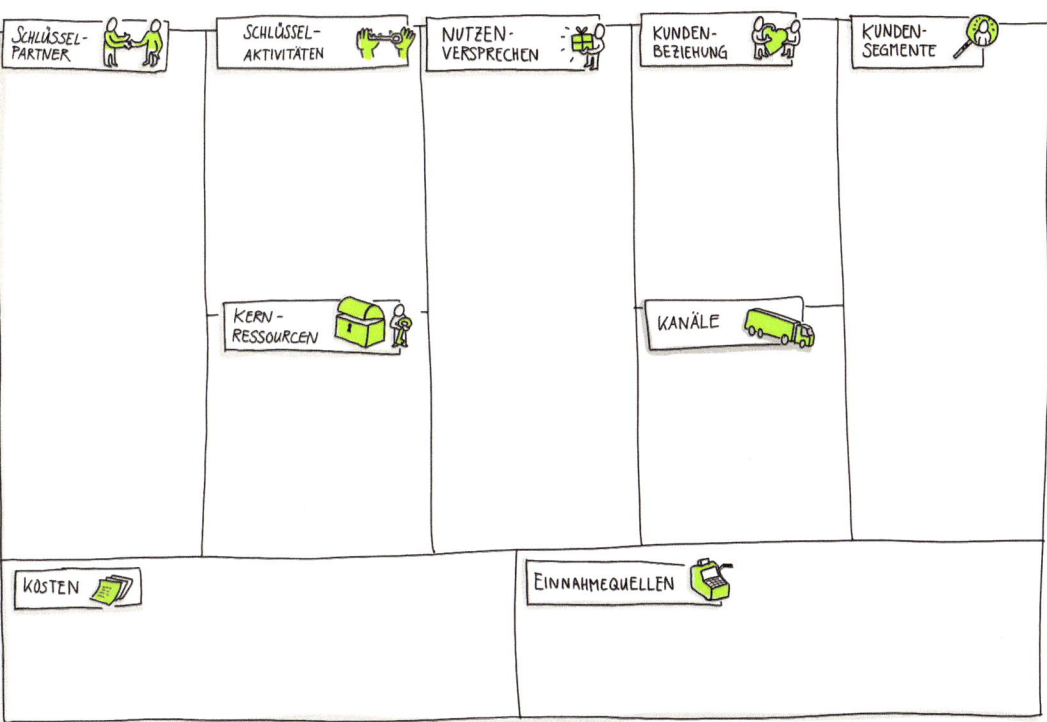

Abb. 25: Business Model Canvas

3

#Rules

- **Kundensegmente/Customer Segments**
  Am Anfang aller Überlegungen: deine Kunden. Also alle Personen, denen du mit deinem Angebot einen Wert schaffen möchtest. Das Geschäftsmodell wird dann sorgfältig anhand der Bedürfnisse der Zielgruppen entwickelt. Fragen, die du dir stellen solltest: Für wen schaffe ich mit meinem Angebot einen Wert? Wer sind meine wichtigsten Kunden?

- **Wertangebote/Value Propositions**
  Als Nächstes: Zu jedem Kundensegment gehört ein passendes Werteversprechen. Dieses ist auf die Bedürfnisse des Kundensegments perfekt abgestimmt. Fragen, die du dir stellen solltest: Für welches Problem wollen diese Kundinnen eine Lösung haben? Welchen Nutzen/Mehrwert biete ich ihnen?
  Welche Kundenbedürfnisse möchte ich erfüllen?

- **Kanäle/ Channels**
  Jetzt geht es darum, über welche Vertriebs- und Kommunikationskanäle du mit deinen Kunden in Kontakt treten möchtest. Fragen, die du dir stellen solltest:
  Auf welchem Weg bzw. durch welche Kanäle erreiche ich meine Kunden? Welcher Kanäle funktionieren am besten? Was sind die besten Berührungspunkte (Touchpoints)?

- **Kundenbeziehungen/Customer Relationships**
  Im diesem Feld liegt der Fokus darauf, welche Form von Beziehung du mit deinen Kundinnen pflegen möchtest. Fragen, die du dir stellen solltest: Welche Art von Beziehung pflege ich zu den Kunden? Was tue ich für den Aufbau, die Pflege und Erweiterung der Beziehung? Passt die Form der Kundenbeziehung zu meinem Geschäftsmodell?

- **Einnahmequellen/Revenue Streams**
  Nun klärst du, in welcher Form du Einnahmen erzielen möchtest.
  Fragen, die du dir stellen solltest: Für welchen Nutzen sind meine Kunden bereit zu zahlen? Und wie viel? Gibt es vergleichbare Produkte/Services? Wie sehen dort die Einnahmequellen aus? Wie viel trägt jede der einzelnen Umsatzquellen zum Gesamtumsatz bei?

- **Schlüsselressourcen/Key Resources**
  In diesem Segment geht es darum, welche Ressourcen und welche Infrastruktur du benötigst, um dein Produkt/deinen Service anbieten zu können. Fragen, die du dir stellen solltest:
  Auf welchen Ressourcen baut meine Value Proposition maßgeblich auf? Welche Schlüsselressourcen brauche ich, um den Kundennutzen zu erfüllen? Welche Res-

sourcen erfordern meine Distributionswege/Kundenbeziehungen/Erlösquellen?

- **Schlüsselaktivitäten/Key Activities**
Bei den Schlüsselaktivitäten solltest du an alle wichtigen Aktivitäten denken, die erforderlich sind, damit du dein Produkt/dein Service anbieten kannst. Fragen, die du dir stellen solltest:
- Welche Aktivitäten muss ich durchführen, um den Kundennutzen zu erfüllen? Welche Aktivitäten sind für die Vertriebskanäle notwendig, welche für die Kundenbeziehungen?
- **Schlüsselpartner/Key Partners**
Es stellt sich nun die Frage, ob du weitere (Kooperations-)Partner, z. B. Zulieferer hast oder ob du bestimmte Tätigkeiten auslagern möchtest. Fragen, die du dir stellen solltest:
Wer sind meine Schlüsselpartner, wer meine wichtigsten Lieferanten? Bei welchen Schlüsselressourcen/Schlüsselaktivitäten bin ich von Partnern abhängig?
- **Kostenstruktur/Cost Structure**
Zum Schluss betrachtest du die Finanzplanung für dein Vorhaben. Fragen, die du dir stellen solltest: Welche Kostenstruktur ergibt sich aus den Planungen? Welche Schlüsselressourcen und Schlüsselaktivitäten sind die Kostentreiber?

Worauf musst du achten?

Wie du eben wahrscheinlich festgestellt hast, das Tool ist sehr mächtig. Daher gehe es auch bedacht durch. Es bietet eine tolle Grundlage, um neue Produkte, Services zu überdenken, und das auf einem leichteren Weg, wie ein vielseitiges Konzept oder ein Business Plan. Dennoch ist es wichtig, es sorgsam *und* zugleich spielerisch anzuwenden. Beim Einsatz des Tools neigt man dazu, sehr viel zu springen. Das wäre dann eben nicht sorgsam. Gehe wirklich von Feld zu Feld und lasse auch zu, dass ihr mal nicht weiterkommt und länger darüber nachdenken müsst. Nehmt euch bei der Bearbeitung auch mal raus und nutzt weitere Tools, um euch ein Feld zu erarbeiten, bspw. eine Persona, um die Kundenstruktur besser zu verstehen. Erst wenn alle Felder peu à peu bearbeitet wurden, könnt ihr nochmal alle durchgehen und ergänzen.

Auf einen Blick – für was ist es gut?
- Innovation in ein Geschäftsmodell packen
- Ideen oder Prototypen weiterdenken – Marktreife
- als grundsätzliches Tool, um das eigene Business zu hinterfragen

Darüber reden!

> *Freiheit ist das Recht, anderen zu sagen,
> was sie nicht hören wollen.*
> George Orwell

Interview mit Thorsten Heilig, COO moovel Group GmbH

Thorsten Heilig denkt als »alter Sytemiker« gerne komplex. Er hat viele Jahre als Manager sowie als Berater Erfahrungen rund um das Zusammenarbeiten in der digitalen Transformation gesammelt und ist nun seit etwa vier Jahren für moovel tätig, um innovative, digitale Mobilitätskonzepte zu entwickeln und zu skalieren.

Agilität ist in aller Munde, nun weiß ich, dass es dich schon viele Jahre beschäftigt. Was ist für dich Agilität?

Agilität ist für mich die Geschwindigkeit in der Anpassungsfähigkeit. Sich einer komplexen und unsicheren Umwelt immer wieder anpassen zu können. Viele sind der Meinung, man wird per se schneller, wenn man eine agile Arbeitsweise hat. Ich glaube das nicht: Was man beschleunigen und verbessern kann, ist die Anpassungsfähigkeit an eine sich verändernde Umwelt. Mit einer agilen Arbeitsweise ist ein Team oder ein Unternehmen in der Lage, schnell zu reagieren und iterativ zu adjustieren.

Viele Unternehmen befinden sich in einer Transformation, bewegen sich in der allseits bekannten VUCA-Welt. Es bringt also nichts mehr, sich mit einem 7-Jahresplan zu beschäftigen, während rechts und links unwahrscheinlich viel passiert. Ich muss mich dem Markt anpassen, es geht darum, auf die Veränderung zu reagieren. Das macht agiles Arbeiten in der gefühlten Wahrnehmung »schneller«, da durch Iterationen ein Anpassen auf die sich schnell verändernden Bedingungen besser möglich ist.

Grundsätzlich hat Agilität für mich drei Ebenen:

Die erste Ebene ist für mich die Metaebene – sozusagen das »Why?«, das »Wozu?«. Hier muss man sich Agilität auf theoretischer und konzeptueller Ebene anschauen. Passt Agilität zu meiner Problemstellung? Was heißt es in der Theorie für uns? Welches Ziel wird verfolgt? Warum macht es Sinn, nach agilen Methoden zu arbeiten? Was bedeutet das für eine Organisation? Die zweite Ebene ist die Organisationssteuerungsebene, also – welches Mindset streben wir an? Welche Rahmenbedingungen? Themen wie Kultur, Führung, Transformation, aber auch Struktur spielen hier eine große Rolle.

Erst dann folgt die dritte Ebene – die Prozessebene. Hier geht es meist darum, wie Teams zusammenarbeiten, wie sie organisiert werden. Themen sind hier meist Frameworks wie Scrum, Kanban, Design Thinking, Tools wie Delegation Poker oder Rollen und Konzepte wie Agile Coaches oder Selbstorganisierte Teams. Ich halte diese Dreiteilung für elementar wichtig, da mir oft auffällt, dass diese Ebenen zu oft vermischt werden. In einer Transformation z. B. müssen sie alle drei bearbeitet werden, aber mit unterschiedlichen Herangehensweisen und auch auf unterschiedlichen Ebenen in einer Organisation.

Wie siehst du Führung im Kontext der Agilität?

Viele reden über Agilität. Aber oft werden nur die Tools diskutiert. Mich stört manchmal, dass das nicht ganzheitlicher betrachtet wird. Leider. Denn es geht hier schon um einen ganzheitlichen Ansatz. Ich sehe aber auch, dass es eine hohe Kunst ist, als Führungskraft Agilität zu greifen und dann nach einem agilen Vorgehen zu führen. Führung spielt natürlich eine der zentralsten Rollen in dem Konstrukt. Aber viele Konzepte hierbei gibt es schon lange, wie die Teamphasen nach Tuckman oder an sich die systemische Sicht. Aber natürlich haben sich auch Dinge verändert.

Ich glaube daran, dass die Aufgabe der Führungskraft mehr denn je darin besteht, Purpose zu vermitteln, den Rahmen zu setzen, Mitarbeiter zu entwickeln, Hindernisse aus dem Weg zu räumen. *Enablen!* Die Ideen dahinter findet man sicherlich im Agile Leadership oder Servant Leadership.

Und was konkret ist davon neu?

Wie vorab erwähnt, so richtig neu ist davon nichts. Was aber wirklich neu ist oder sich stark für Führungskräfte verändert, ist die Selbstorganisation der Teams und der Umgang damit. Diese Dimension stellt mich als Führungskraft vor ganz neue Herausforderungen – in so einem Rahmen ist dies sehr komplex. Es ist die Kunst, wann ich mich einmische, denn im Vergleich zur klassischen Führung, in der klare Vorgaben gemacht werden, muss ich in einem agilen

Umfeld einen Rahmen schaffen, in dem Fehler gemacht werden können und trotzdem das Ziel erreicht wird. Es geht um Lernen, das ich wiederum als Führungskraft für meine Mitarbeiter mitverantworte. Dabei sollte das Team lernen, sich selbst zu organisieren.

Als »Komplexitäts-Fan« gefällt mir diese Entwicklung, und Modelle wie Servant Leader geben eine Idee, wie Führung aussehen kann, denn lineare, traditionelle Wege werden hier meiner Meinung nach nicht mehr erfolgsversprechend sein. Die »traditionellen Antworten« funktionieren schlichtweg nicht mehr, da sich die Fragen radikal geändert haben. Führung befindet sich wie alles andere in einer Transformation.

Wie sieht für dich Führung der Zukunft aus? – Braucht es das überhaupt noch?

Die Grenzen werden weicher. Wer ist Partner, wer ist Konkurrenz, Stichwort: »Frenemy« – das wird ähnlich in neuen Arbeitsorganisationen: Wer ist fest? Wer frei? – verschiedene Modelle der Anstellung, Netzwerkorganisationen. Auch Beruf und Privat wird immer mehr verschmelzen – dafür bedarf es einer stetigen Transformation. Die Trends der Arbeitswelt zeigen sich jetzt schon und es bedarf eines dementsprechenden Führungsansatzes. In all dem »Chaos« (so fühlt es sich doch manchmal an, wenn man ehrlich ist als Manager) sollten Unternehmen immer wieder in klare Iterationen gehen. Mal für einen Zeitraum (Iteration) raus aus der Komplexität und diese planbar und »bearbeitbar« machen.

Es gibt ja vielfältige Management-Systeme, eines der agilen Welt ist OKR. Wie würdest du OKR beschreiben?

OKR ist ein passendes Mittel, ein ganzes Unternehmen in eben solche Iterationen zu bringen, das gleichzeitig einen viel stärkeren Fokus ermöglicht. OKRs arbeiten quartalsweise. Wenn du also an komplexen Themen arbeitest, kannst du durch die regelmäßige Anpassung als Unternehmen schneller auf Marktgegebenheiten reagieren. OKR hat viele Chancen, aber die Einführung hat auch Challenges. Wichtig ist es, für ein Quartal klare Ziele zu haben, die klar auf die Strategie und die große Vision einzahlen. In einem Top-down- und Bottom-up-Prozess, der Klarheit schafft. Transparenz, Teilhabe und schnelle Anpassung sind die Treiber des Systems und zugleich die Vorteile im Vergleich zu anderen Management-Systemen.

Was sind Herausforderungen bei der Einführung agiler Arbeitsweisen oder Systeme, z. B. von OKRs?

Wie mit jedem Tool brauchst du erstmal das Commitment aller Beteiligten und es sollte von Menschen eingeführt werden, die sich damit gut auskennen und wissen, was alles dazugehört. Super wichtig bei einer Transformation ist, darauf zu achten, dass, wenn ich etwas einführe, dies auch zu meiner Organisation und meinen Problemstellungen passt. Wenn du als Unternehmen z. B. weiterhin individuelle Jahres-Boni vereinbarst und dann zusätzlich OKRs einführst, kann das nicht funktionieren. Parallele Zielsysteme funktionieren grundsätzlich nicht. Das Unternehmen muss ganz bewusst entscheiden. Parallele Zielsysteme müssen z. B. also eliminiert werden!

Eine erste Herausforderung in einer OKR-Einführung ist oft, dass man sich viel zu viel für das Quartal vornimmt. Allerdings ist das ein schönes Learning. Ohne OKR hat man sich das nämlich auch vorgenommen. Nur wird es nun nach dem ersten Quartal schon sichtbar, nicht erst nach einem Jahr. Es geht wesentlich schneller. Eine große Herausforderung ist es auch, das Bewusstsein zu schaffen, dass die Unternehmensziele bis hin zu Mitarbeiterzielen ein Gemeinschaftswerk sind und es darum geht, dass alle daran glauben, alle ihren eigenen Beitrag sehen.

Transformation muss auf allen Ebenen geschehen. Es muss Sinn machen für ein Unternehmen, man muss es auch wirklich wollen, dann ist ein Change möglich. Dann kann und darf auch eine eigene Kultur dafür entstehen.

Könnte irgendwann jedes Unternehmen agil arbeiten?

JEIN :-) – Es muss immer sinnvoll und passend sein. Ich glaube allerdings, ein agiles *Mindset* ist grundsätzlich für jeden was. Und auf der anderen Seite nimmt die Veränderungsgeschwindigkeit und Digitalisierung in den meisten Branchen so rasant zu, dass es sicher grundsätzlich wichtig oder günstig ist, sich des Themas anzunehmen.

Und zum Schluss – welche Kompetenzen braucht ein Unternehmen, um überhaupt agil arbeiten zu können?

Veränderungsbereitschaft. Transparenz. Loslassen können. Kompetenz bedeutet auch – du musst was tun dafür, wie bei persönlichen Kompetenzen. Das ist die schwerste Herausforderung. Unternehmen müssen sich fit machen für Veränderung. Das Management kann die Reaktion nicht vorgeben. Die Organisation muss lernen, sie selbst zu leben. Sich selbst auf Veränderung einstellen zu können. Anpassungsfähigkeit und Transparenz sind dabei super wichtig. Ich muss in der Lage sein, meinen Mitarbeitern Kontext zu geben, klar sein, einen Rahmen geben. Am Ende sind es immer vor allem die Menschen und die Kultur der Zusammenarbeit, auf der anderen Seite sind es die Tools. Es muss z. B. normal sein, dass Informationen geteilt werden. »Sharing is Caring« als Mindset (im Gegensatz zu »Wissen ist Macht« und absichtlichem Zurückhalten von Informationen). Aber auch sinnvolle Tools, die diese Arbeitsweise erst ermöglichen. Es muss also auch ein technologischer Rahmen geschaffen werden im Sinne von smarten Business Intelligences, real-time KPI-Systemen oder auch Kommunikationssystemen.

Interview mit Dr. Gerwig Kruspel, ehemals VP HR Trends and Strategy und HR Solutions, BASF SE

Gerwig Kruspel war viele Jahre für BASF tätig und als VP unter anderem in verschiedenen strategischen HR Funktionen tätig. Gerade die Digitalisierung und Transformation des Unternehmens hat er aus HR-Sicht in den letzten Jahren eng begleitet. Daneben war er mehrere Jahre für ein Startup in Mannheim als Strategic Advisor aktiv und erlebte so neben der Konzernwelt eine weitere Perspektive auf Transformation.

Ist es möglich, dass große Unternehmen eine Startup-Mentalität, das Agile, verinnerlichen?

Die allermeisten großen Unternehmen sind einerseits traditionsreich und haben andererseits in den letzten Jahren und Jahrzehnten die verschiedensten Transformationen durchlaufen. In der Regel verlaufen diese Veränderungen evolutionär, eher selten auch revolutionär. Sie passieren innerhalb vorhandener Strukturen und Muster. Im dem Kontext ist nicht zu erwarten, dass eine agile Arbeitsweise auf Knopfdruck funktioniert. So kann bspw. ein über Jahre etabliertes hierarchisches System nicht einfach aufgegeben werden. Hierfür müsste sich z. B. die Führungsmentalität verändern.

Was konkret bedeutet die Veränderung der Führungsmentalität?

Schaut man sich die unterschiedlichen Generationen in einem großen Unternehmen an, so hat ein Babyboomer einen ganz anderen Blick auf und ganz unterschiedliche Vorstellungen von der Arbeitswelt und von Führung als ein Generation Y-Mitarbeitender. Noch deutlicher wird es, wenn Konzern und Startup zusammenarbeiten. Da wird man auch mal auf unsere Besprechungskultur angesprochen. Das ist interessant, denn einem selbst fallen solche Sachen erst durch das Feedback auf.

Die angesprochenen Unterschiede der Generationen mit Blick auf die Arbeitswelt an sich und die Zusammenarbeit verändern auch die Art und Weise der Führung. Früher musste ein Vorgesetzter primär auch der Fachmann sein. Darüber hat er sich positioniert. In der Generation Y sieht man dagegen, dass diese immer gerne selbst die Erfahrungen machen möchte und auch stark die Frage nach dem Sinn stellt. Die zentrale Frage für große Unternehmen ist also: Wie schafft man es als Organisation, all dem gerecht zu werden?

Heißt das konkret, dass Agilität in großen Unternehmen nicht funktioniert?

Ich denke schon, dass es funktioniert, aber es ist eben eine Herausforderung, eine Reise. Dabei gilt es, vieles zu bedenken. Selbst die Globalisierung der Organisation ist heute teilweise noch eine Herausforderung. Ein Stichwort: Virtuelle Organisation – auch das erfordert andere Arbeitsweisen. Ein weiterer Hemmschuh ist das klassische Performance Management. Wenn ich ein Ziel nicht erreicht habe, werde ich in der Regel nicht für meine Fehlerkultur und all das, was ich gelernt habe, gelobt.

Gerwig, wie stehst du selbst zur agilen Arbeitsweise?

Ich hatte schon immer meinen eigenen Grundsatz: Erlaubt ist, was nicht verboten ist. Ich habe über all meine Berufsjahre immer sehr gerne Dinge ausprobiert. Es macht mir Spaß, Neues zu entdecken. Auch in der Zusammenarbeit mit Kollegen und Mitarbeitern war es mein Wunsch, dass jeder die Chance hat, sich selbst zu entfalten. Immer wieder war ich Mentor für junge Kollegen, weil ich es spannend finde, die unterschiedlichen Sichtweisen zu erleben und in eine Entscheidungsfindung einfließen zu lassen. Daher finde ich die Veränderung der Arbeitswelt sehr spannend und finde viele Ansätze interessant, darunter auch das agile Arbeiten. Aber es geht doch auch immer darum, wann und wo welche Methode Sinn macht.

Und wie lässt sich Agilität aus deiner Sicht in großen Organisationen umsetzen?

Ich empfehle, in einem »geschützten Raum« anzufangen. Aus meiner Sicht macht es wenig Sinn, mit einer großen Organisation zu experimentieren. Man sollte dafür ein »Speedboat« haben. Dies könnte ein unternehmenseigenes Startup sein oder auch eine Projektgruppe, die »remote« arbeitet. Wichtig ist dann natürlich der Übergang in die große Organisation. Zudem sollte Ansätze wie Design Thinking, Scrum etc. als natürliche Ansätze verankert sein. Es ist wichtig, dass die Menschen im Unternehmen die Arbeitsweisen kennenlernen und deren Nutzen erkennen. Die Führung sollte hier aktiv unterstützen und eben auch einfordern.

Interview mit Ömer Atiker – Digital und Agil zwischen Wahn und Wirklichkeit

Ömer Atiker ist Experte für Digitalisierung, Keynote Speaker, Berater und Autor. Ein Interview mit einem Experten, der Pragmatismus weit oben ansetzt.

Ömer, wie siehst du die aktuelle Thematik rund um Digitalisierung und agil?

Digitalisierung ist ein so breites Thema, dass kaum jemand genau weiß, was alles damit gemeint ist. Die Early Adopters können es schon nicht mehr hören, die breite Masse kommt langsam in Bewegung. Die merkt nun, was das in der Konsequenz bedeutet.

Konsequenz?

Nun, es geht darum, das Unternehmen auf Tempo zu bringen – ab da wird es dann auch agil. Iterativ arbeiten und das schnell.

Aber ich habe oft das Gefühl, es verwässert genauso schnell, wie es eingeführt wurde. Anfänglich sind die Unternehmen furchtbar motiviert, dann kommt der Aufschlag in der Realität.

Was glaubst du, woher das kommt?

Das liegt an den überzogenen Erwartungen. Erst machen Unternehmen ganz viele Workshops zu Design Thinking, dann stellen sie fest, dass man durch bunte Zettel nicht von heute auf morgen innovativ wird. Man kehrt an den alten Arbeitsplatz zurück, wird nach Leistung beurteilt und soll tun, was einem gesagt wird. Agil? Ah, besser nicht, wir wissen ja, wie es geht.

Dahinter steht, dass »agil« bei vielen Führungskräften nur ein Lippenbekenntnis ist. Die sind zielgerichtetes Arbeiten gewohnt, »ergebnisoffen« geht da gar nicht. Und wer als Führungskraft beim nächsten Quartalsmeeting wieder nur nach harten Zahlen bewertet wird, der nimmt sich sicher nicht die Zeit, etwas Neues, Bewegliches auszuprobieren.

Wie sehen es die Mitarbeiter?

Die finden die Idee zwar gut, sind aber vom Prozess genervt. Zwischen Backlog, Review, Daily und sonstigen Besprechungen würden die gern mal ein paar Tage am Stück ungestört arbeiten. Insofern ist für viele Mitarbeiter die Praxis eher anstrengend. Man sollte daher sehr genau darauf achten, was man tut und warum man es tut – und alles Unwichtige eben bewusst nicht tun. Wir haben viel zu sehr die Neigung, uns zu Tode zu meeten und zu koordinieren. Lieber mehr Verantwortung zum Mitarbeiter, zum Team, mehr Mut zu Entscheidungen, dann geht es auch vorwärts.

Die meisten Organisationen sind auf Effizienz getrimmt. Und jetzt agil?

Da ist das Problem der Blickwinkel. Man denkt, man müsse alles agil machen, dann wird alles bunt und gut. Das ist natürlich Quatsch. Es gibt Prozesse, wie in der Produktion, die sollen effizient und mit konstanter Qualität laufen. Aus dem Fließband mache ich keine Bastelbude. Aber genau da kann ich auch agil sein, wenn ich anfange, kleine Teilschritte (und später größere Module) besser zu verstehen und diese iterativ zu verbessern.

Agil ist vor allem stark, wenn es um Neues geht, um unbekanntes Terrain.

Das passt nur schwer zu etablierten Prozessen ...

Ganz genau! Ein schönes Beispiel ist der Einkauf. Der soll bestimmte Mengen in bestimmter Qualität zu bestimmten Zeitpunkten organisieren. Und jetzt kommt die Digital-Abteilung und will agile Entwicklungsleistungen einkaufen. Die weiß nicht, was genau sie braucht, wie lange es dauert, wie viel Aufwand es ist – und ob am Ende überhaupt ein greifbares Ergebnis rauskommt. Wie soll man so etwas einkaufen? Kein Wunder, dass der Einkauf davon schlechte Laune bekommt und die Digital-Abteilung auch.

Du liebe Güte! Kann man das denn lösen?

Ja. Aber nicht, indem man nach Best Practices ruft und besseren Prozessen. Sondern indem man klar denkt.

Für mich ist das ein dreiseitiges Problem. Zum einen die menschliche Seite: Kann und will ich mit den anderen überhaupt in so einer Form zusammenarbeiten? Diese Frage wird gerne ignoriert, denn »wir sind doch alle Team-Spieler« … nur eben nicht immer und mit jedem. Die zweite Seite sind die Ziele: Was wollen wir eigentlich erreichen? Da fehlt oft das gemeinsame Verständnis für das große Ganze. Und dann erst komme ich drittens zu den Prozessen. Wie kann ich das, was ich erreichen will, am einfachsten und schnellsten verwirklichen? Das kann eine Menge Arbeit machen, aber es ist der einzige Weg zu einer sinnvollen Lösung. Alles andere ist wie ein Storch mit Socken.

Wie mache ich mich dann an die Einführung?

Indem ich zuerst diese gemeinsame Basis finde. Was ist agil, was kann es, wo wollen wir es anwenden – und warum?

Dann kann ich mir Methoden anschauen, lernen und anfangen anzuwenden.

Klingt logisch. Machen das nicht alle so?

Hah, schön wär' es ja! Die Wirklichkeit sieht doch ganz anders aus. Da wird entschieden, jetzt wird es agil, man holt Fachleute rein, definiert Prozesse, bildet Scrum Master aus und ein Dreivierteljahr später wundert man sich, dass es nix geworden ist. Aber wie sollte es auch?

Ein großer Graus sind mir Menschen, die sich in die Methode verliebt haben und jetzt den Rest des Unternehmens bekehren wollen. Die haben alle Bücher gelesen, alle Seminare besucht, die erschlagen einen mit Enthusiasmus und Fachbegriffen. Und die wollen ihre neue Methode auf alles anwenden, was nicht bei drei auf dem Baum ist. Das ist entsetzlich anstrengend. Solch blinde Begeisterung, ja, Fanatismus.

Ich empfehle, klein anzufangen, es anzuwenden und die innere Haltung zu verstehen. Weg vom Perfektionismus und dem Allmachtsanspruch der Experten. **Die Essenz des Agilen: Ich weiß es nicht, aber ich kann es herausfinden.**

Einleitung

Umdenken!

Handeln!

Darüber reden!

Fragen!

Einfach machen!

4

Mal unter uns, sind Digitalisierung und Agilität nicht einfach nur moderne Wörter, alter Wein in neuen Schläuchen?

In gewisser Weise schon. Es geht doch immer darum, sich an eine sich verändernde Welt anzupassen, um erfolgreich zu überleben. Aber jede Zeit denkt immer, dass der Wandel gerade jetzt so enorm schnell ist, alles umgewälzt wird und dass das etwas Bedrohliches ist.

Als vor gut hundert Jahren die ersten Traktoren aufkamen, da bangten die Landarbeiter um ihre Jobs: Zu Recht, statt 40 % arbeiten heute keine 2 % der Bevölkerung mehr in der Landwirtschaft. Und wir haben mehr und besser zu essen denn je! Drastisch finde ich höchstens die Entwicklung des Smartphones. Innerhalb von gut 10 Jahren ist es für fast alle Menschen ein Teil des Lebens geworden.

Und was bedeuten Digital und Agil jetzt für Unternehmen?

Das sind nur die Flaggen, unter denen das Thema Veränderung zurzeit läuft. In zehn Jahren ist es vielleicht Bioengineering oder Artifical Social Intelligence. Agil bedeutet, ein bisschen beweglicher im Kopf und Tun zu werden, mit dem Wandel mitzugehen, statt starr zu bleiben.

Wo siehst du in dem ganzen Wandel die Führungskräfte?

Die stecken etwas zwischen Baum und Borke. Denn an sie werden lauter widersprüchliche Anforderungen gestellt. Die sollen bewahren und erneuern, die sollen effizient, aber auch kreativ sein, mutig handeln, aber nicht anecken … wie soll das gehen? Dazu hat man in der Lebensphase auch privat die »Rushhour des Lebens«. Familie, Kinder, Beziehung, Selbstbild, Ansprüche von außen. Das alles unter einen Hut zu kriegen, bedeutet einen hohen Stresspegel.

Was brauchen denn Unternehmen, damit das nicht so stressig ist?

Ganz klar: Die richtige Kultur. Kultur definiert: »Das tut man so, jenes tut man nicht.« Wenn da Widersprüche drinstecken, dann reibt das die Menschen auf. Und Kultur entsteht immer von oben. Wenn der Chef ein gefürchteter Patriach ist, sein Motto lautet »My way or the highway«, dann soll er sich nicht beschweren, dass die Leute so wenig kreativ sind. Oder dass sich bei ihm keine coolen Talente bewerben. Na, die haben sicher Besseres zu tun! Traurigerweise ist das ein Beispiel aus dem richtigen Leben, das ich mehr als einmal gesehen habe.

Brauchen wir also mehr Menschlichkeit?

Aaah, nein, nicht so, wie das oft verwendet wird. Da ist ein ganz großes Hindernis: Digitale Transformation ist auch ein technisches Thema, agil kommt aus der Softwareentwicklung. Andererseits ist es Change, hat also mit Menschen und deren Gefühlen und Bedürfnissen zu tun. Nur haben wir kaum Spezialisten, die dazwischen Brücken schlagen. Die meisten Change Manager haben von Technik keinen Schimmer. Denen sitzt dann ein IT-ler gegenüber, der wirklich keine Bäume umarmen will. Der will wissen, was der Wandel bedeutet und was von ihm erwartet wird. Mit »wie fühlst du dich dabei?« kann er nichts anfangen.

Deutsche Unternehmen werfen sich voller Begeisterung in die Technik, deswegen ist Industrie 4.0 ja auch so schön. Aber die Anpassung von Geschäftsmodell und Organisation fällt ihnen enorm schwer.

Welche Empfehlung hast du an Führungskräfte, die dem Wandel gerecht werden wollen?

Dein Chef muss dir den Raum geben, Innovation zu treiben, neue Ideen einzubringen und neue Führungsmethoden zu verwenden. Wenn du das nicht hast, ist es um vieles schwerer, in die Umsetzung zu kommen. Diesen Raum muss man einfordern und wenn es nur Theater ist, dann lass es lieber. Und wenn es dir echt zu viel wird, dann such dir ein besseres Umfeld. Das Leben ist zu kurz für Dummheit.

Das freut mich, Ömer – meine Worte in dem Buch. Hast du abschließende Worte?

Agil beginnt man am besten – agil! »Ich weiß nicht, ob es gut ist, aber ich probiere es einfach mal aus, ganz klein, preiswert und schnell.« Kümmere dich weniger um Prozesse und Schemata von anderen, zuerst kommen das Mindset, Verständnis und innere Haltung. Und mach agiles Denken und Arbeiten erlebbar – was das bedeutet, was wirklich der Unterschied ist. Danach wird es leichter, das Ganze zu skalieren. Man kriegt den Freiraum, man muss ihn sich nur erkämpfen.

Interview mit Gina Schöler, Glücksministerin – Glück und Agil?

Gina Schöler hat selbst das Ministerium für Glück und Wohlbefinden gegründet und inspiriert als Speakerin, Trainerin, Autorin und Coach Unternehmen und Einzelpersonen dazu, sich auf die Reise hin zu einem guten und gelingenden Leben zu machen. Vom Suchen und Finden des Glücks!

Themenspektrum Glück und Agilität – was meinst du dazu? Haben die Gemeinsamkeiten?

Ich habe das Gefühl, was Großes ist am Aufbrechen. Ich werde immer wieder immer gefragt: »An wen wendest du dich bei dem Thema Glück?« Und genau das ist das Spannende, ob im Privatleben oder in Unternehmen – es geht immer um Menschen. Es herrscht viel Unsicherheit, so ist neben Themen wie Agilität und Digitalisierung auch das Thema Achtsamkeit und Glück in den schnelllebigen Zeiten relevant. Die Menschen packt eine unglaubliche Neugierde. Wartet eine neue schöne Welt auf uns? Wie sieht die Arbeitswelt der Zukunft aus? Wie können wir diese aktiv (mit)gestalten? Aber was passiert, wenn Agilität eingeführt wird? Auch Gefühle wie Angst oder Unsicherheit sind normal, das haben Veränderungsprozesse so an sich, da es natürlich auch Angriffsfläche bietet, wenn man sich außerhalb der Komfortzone bewegt. Ein großes Bedürfnis ist aber definitiv da und es tut sich etwas! Agile Werte sind die Grundvoraussetzung für ein glückliches Leben. Dazu zählt unter anderem die Offenheit und Transparenz, auch von Gefühlen und Bedürfnissen der Menschen.

Gefühle sind für Führungskräfte doch eher ein schweres Wort in Bezug auf die Rolle. Schwach sein ist nicht gerne gesehen, oder?

Vor kurzem habe ich als Trainerin eine Inhouse-Veranstaltung in einem Unternehmen zum Thema Zufriedenheit und seelische Gesundheit gegeben, mit einem wirklich tollen emotionalen Erlebnis. Die Gruppe war total gemischt von der Sachbearbeiterin bis zur Führungskraft und wie ich es schon kenne, kam bei einer meiner Übungen anfängliche Unruhe auf: »Oops, solch ein persönliches Thema – jetzt über Gefühle reden?!«

Was ist passiert?

Die Führungskraft, die viel Verantwortung zu tragen hatte, offenbarte das erste Mal ihren Mitarbeitern ihre Gefühle, persönliche Gedanken und auch Unsicherheiten, dass es nicht immer leicht ist, welche Herausforderungen manchmal echt anstrengend sind, und berichtete offen über Tage, an denen man auch mal nicht stark ist. Sie hat den Menschen hinter der Rolle gezeigt, und was geschah? Die gesamte Belegschaft hat sich danach explizit für ihre Nahbarkeit bedankt.

Es geht meines Erachtens darum, die Maske fallen zu lassen, das Bild von Erfolg und Stärke auch mal einzutauschen gegen das wahre Selbst. Den echten Menschen zeigen mit allem, was dazugehört, das hat unglaubliche Kraft und ist auch authentisch!

Sind das die Führungskräfte der Zukunft?

Es geht darum, eine Offenheit zu schaffen, mehr in den Dialog zu treten und zugleich den Raum für Reflexion zu ermöglichen. Es sollte die Chance gegeben werden, auch am Arbeitsplatz offen Themen, Gedanken und Ideen äußern zu dürfen. Es bedarf mehr Menschlichkeit am Arbeitsplatz. Führungskräfte sollten bewusster mit Stärken und Schwächen von sich selbst umgehen und auch ruhig offen kommunizieren, nachfragen, nachhaken.

Unsere Gesellschaft ist aktuell auf dem Weg, sich im Privaten wie im Beruflichen immer mehr die Sinnfrage zu stellen, sicher auch wegen einer Gen Y – wir besinnen uns schon mehr aufs Wesentliche, z. B. soziale Themen wie ein »tolles Gespräch«.

Hast du ein paar Tipps aus der Glücksperspektive für unsere Führungskräfte hier?

Ich kann aus der Erfahrung der verschiedenen Teilnehmer meiner Vorträge oder Workshops folgendes mitgeben:

Als erstes empfiehlt es sich, dass alle mal runterkommen. Die Erwartungen wachsen, die Schnelligkeit nimmt zu, auch gerade in der Kommunikation und all der Informationsflut. Alles muss immer sofort im Hier und Jetzt beantwortet werden, die Reaktionsketten werden schneller, das stresst natürlich. Daher macht es Sinn, dass alle mal kollektiv einen Gang zurückschalten und eben auch die Erwartungen mäßigen, sich dafür lieber gegenseitig bestärken und Geduld zeigen. Besser wäre, mal wieder zwischenmenschliche Werte wie Empathie, Verständnis und Vertrauen aufzubringen, anstatt immer mehr und schnelle Leistung zu fordern.

Das bringt mich auch zu einem wichtigen Punkt, nämlich Aktion und Reaktion.

Wir neigen dazu, nur noch zu reagieren. Versuche, dir mal wieder Zeit nehmen und dich öfters zu fragen, wie es dir selbst und deinen Mitmenschen tatsächlich geht. Also, bevor man das nächste Mal unmittelbar auf eine Situation reagiert, einfach kurz innehalten. Zwei Minuten reichen aus. Pausetaste drücken, durchatmen. So kann man Eindrücke und Emotionen sacken lassen, verarbeiten und reflektiert reagieren. Vor allem euch in der Online-Kommunikation, wie wäre es, die Dinge einfach mal wieder persönlich zu besprechen? Das spart reichlich Missverständnisse und die echte Begegnung stärkt das Gemeinschaftsgefühl.

Und einen Tipp, der nur den Führungskräften gilt?

Fill your cup first! Es ist wichtig, sich über die eigene Energie bewusst zu sein, also schau nach deiner Batterie und dass die geladen ist, sonst bringst du keinem Menschen etwas und am wenigsten dir selbst. Gesunde Selbstfürsorge, Grenzen setzen. Auch hier wertschätzend – ehrlich sein. Mal sagen »Ich kann grad nicht«. Nein sagen lernen, Erwartungen gegenseitig betrachten. Es muss nicht alles auf Teufel komm raus sein. Nicht immer alles als gegeben sehen, ganz nach dem Motto »Macht man halt so« und sich in alte Strukturen fügen, sondern auch mal fragen: Wozu?

Denn das hat die Agilität mit dem Glück gemeinsam: Es geht um den Menschen und der sollte im Mittelpunkt stehen. Hier geht es um deine Mitarbeiter, deine Kunden, Kollegen – aber eben auch um dich selbst!

Weitere Infos über ministeriale Angebote wie interaktive Impulsvorträge oder (Inhouse-)Seminare:
www.MinisteriumFuerGlueck.de

Praxisbeispiel Scrum im Recruiting von GULP Information Services GmbH

Was – Scrum im Recruiting, das ist doch nur was für Entwickler?! – Das war die erste Frage, als ich damals agile Wege außerhalb der Entwicklung gegangen bin. Übrigens wird mir die Frage bis heute gestellt.

Kommen wir aber zum Praxisbeispiel Scrum. Denn ja, es ist eine Methode, mit dem richtigen Mindset ist es überall anwendbar.

Hintergrund

Im Recruiting geht es darum, schnell den richtigen Kandidaten zu finden. Als Personaldienstleister ist es daher wichtig, als allererstes den Kunden zu verstehen. Denn der holt sich externe Expertise dann rein, wenn in der Regel der Kocher im Projekt langsam dampft. Also geht es um den Bedarf. Ebenso wichtig ist es, dass der Prozess von der Bedarfsfrage hin zu einem geeigneten Kandidaten so kurz wie möglich ist, optimal ist der Subunternehmer, bspw. ein SAP-Berater, binnen Tagen gefunden. Kurz: Schnell die richtige Kandidatin einem Projektteam zur Verfügung stellen, die dann ein paar Monate ihr Know-how einbringt, zugleich soll der Subunternehmer ein Projekt finden, das auch seinen Ansprüchen gerecht wird. Und dazwischen der Account-Manager und Recruiter als Team für beide Seiten.

Du musst dir vorstellen, dass in diesem Prozess sehr viel Komplexität steckt, denn wir arbeiten mit Menschen, es geht um Service. Als erstes den Kunden verstehen, was es als junger Account-Manager, meist aus der BWL, zu erlernen gilt, wenn auf einmal Wörter fallen wie *embedded, C* und am besten auch noch Linux. Dann (jeder kennt Stille Post) gibt der Account-Manager den Bedarf weiter, so wie er diesen verstanden hat. Mit dem vorhandenen Wissen gilt es, den besten Kandidaten zu finden, gleichzeitig auch zu erfahren, wo denn dieser überall im Prozess ist. Es ist ein Kandidatenmarkt, die haben in der Regel fünf Angebote parallel. Jetzt muss es Recruiter und Account-Manager gelingen, zwei Menschen zusammenzubringen, die persönlich und fachlich »matchen«.

Wieso nun Scrum?

In der agilen Arbeitsweise stehen die Menschen, mit denen ich als Führungskraft arbeite, im Fokus. In der Einführung von Scrum, an sich in der agilen Arbeitsweise ging es mir darum, dass wir alle den Kunden und Kandidaten besser verstehen und unsere Prozesse nach diesen ausrichten, nicht, dass diese sich nach uns zu richten haben. Genauso wichtig war es mir, dass meine Mitarbeiter mittelfristig so gut arbeiten, dass ich nicht mehr gebraucht werde – also selbstorganisiert. In den letzten mehr als zwei Jahren wollte ich die Kolleginnen inspirieren, mit ihren Stärken Verantwortung zu übernehmen, zu lernen und daraus sehr gute Ergebnisse zu erzielen.

4

Das Vorgehen

Ich war neu im Unternehmen und hatte die Verantwortung, Stuttgart zu entwickeln. Schnell stellte ich fest, dass nicht alles reibungslos funktionierte. Das wäre auch, unter uns, ein Traum – wo funktioniert denn etwas reibungslos, dann hätten wir ja nichts mehr zu lernen.

Im ersten Schritt habe ich mit jedem Mitarbeiter, es waren so ca. 25 Kollegen, ein Gespräch geführt: Wie finden sie die aktuelle Arbeit? Wie motiviert sind sie? Wie stufen sie selbst die Prozesse und Arbeitsweise ein? Was sind ihre Wünsche?

Danach habe ich ein gemeinsames Meeting mit allen gemacht und gezeigt, was es für Aussagen gab, welche Erkenntnisse und wie wir aus den Erkenntnissen heraus **besser miteinander arbeiten** und für unsere Kundinnen und Kandidaten einen besseren Service anbieten. Hieraus entstand dann unser erstes Kanban-Board (vgl. Tool 2). Ich hatte es anfänglich Scrum-Board genannt, um nicht gleich mit tausend agilen Wörtern zu verwirren. Es geht ja um die Sache, nicht den Namen.

Das Kanban-Board bildet den Recuiting-Prozess ab: Anfrage Kunde – CV-Versand – Feedback – on hold – Vorstellungstermin – WON/LOST.

Die Idee dabei ist es, sich jeden Prozessschritt genau anzuschauen. **Uns regelmäßig zu hinterfragen.** Also habe ich das Board vorgestellt mit der Bitte, es zu verändern oder zu erweitern, wenn der Bedarf dafür gegeben ist. Seit den zwei Jahren haben die Kollegen sehr viel weiterentwickelt. Um dem »Verbessern-wollen« gerecht zu werden, habe ich das Daily eingeführt. Anfänglich um 12 Uhr. Nach einem Daily merkte ich, dass es den Schwaben sehr wichtig ist, pünktlich in die Mittagspause zukommen. Also wurde es 11.45 Uhr. Täglich treffen wir uns und jeder Account-Manager stellt maximal eine Minute seine neusten Prozessschritte vor, erzählt von Erkenntnissen aus Gesprächen mit Kundin und Kandidat, sodass alle lernen können, und stellt seine Anfrage vom Kunden vor, dass auch alle anderen das technische Umfeld besser verstehen.

Abgesehen vom Daily, das den Schwerpunkt schnelles Lernen durch Austausch und Prozessbesprechung fokussiert, haben wir einmal im Monat unsere Retro. Die Retro ist unser eigentliches Herzstück. Am Anfang haben wir uns immer drei Fragen gestellt: **Was lief gut? Was lief schlecht? Was können wir besser machen?** Inzwischen ist dem Retro-Vorgehen keine Grenze mehr gesetzt im Doing, Hauptsache, es bringt uns voran. Beispielsweise habe ich einmal die Retro so gestaltet, dass es um Arbeitsmotivation ging, und jeder konnte sagen, was ihn gerade nervt. Als Führungskraft, Scrum Master, Agile Coach – wie auch immer deine Rolle sein soll – geht es darum, ein Gespür für die Gruppe zu bekommen und ein Medium zu schaffen, das **konstruktiv und nach vorne gerichtet** ist. Denn Spaß und Erfolg liegen nah beieinander. Nach jedem Monat (für uns der Sprint) schauen wir also, was die Zukunft bringt und wie wir sie gestalten.

Was ist seither passiert?
Viel. Die Kollegen gestalten die Retro eigenständig. Kommen mit Ideen, die sie ausprobieren, auf mich zu und lernen daraus. Der Service Richtung Kandidat und Kunde hat sich um ein Vielfaches verbessert. Das möchte ich dir sogar an einer Zahl belegen. In der Recruiting-Branche ist ein qualitativer *KPI (Key Performance Indicator)* die sogenannte *Hitrate*. Also das Matching zwischen Kandidatin und Kundin. Als ich das Thema anpackte, lag die Hit-Rate im Jahresschnitt bei 19 %. Inzwischen liegt sie bei 30 %. Wir konnten signifikant die Qualität steigern und dadurch auch erfolgreich sein. Die Zufriedenheit der Kunden und Kandidaten ist gestiegen und auch der Kollegen, da es gut läuft und sie Erfolg bei dem haben, was sie tun. Das hat funktioniert, weil wir uns Monat für Monat in der Retro hinterfragt haben, in den Dailys den Prozess beobachtet haben und bei dieser Konklusion aus Fehlern Learnings ziehen konnten.

Was ist allerdings die Herausforderung für dich als Führungskraft?
Geduld! Die Herausforderung als gute Führungskraft ist es, mit deiner Erfahrung und deinem Wissen dich auch mal zurückzuhalten. In vielen Dingen denkst du, Mensch, das weiß ich doch besser. Da sind aber genau die Momente, innezuhalten. Im Konstrukt der agilen Arbeitsweise geht es ja letztendlich darum, dass es deine Mitarbeiterinnen herausfinden. Du als guter Coach und Moderator führst sie dorthin, und ja, sie dürfen dabei Fehler machen. Hast du zu Anfang doch auch gemacht, oder? Die Kunst ist es, zu wissen, wann du als Führungskraft gefragt bist und wann als Agile Coach im Prozess. Das ist allerdings reine Übungssache und ein Prozess, in dem du dir von deinen Mitarbeitern Feedback geben lassen solltest.

Auch das Hantieren mit den Gefühlen deiner Mitarbeiter wird eine Herausforderung. Als ich das Kanban-Board eingeführt hatte, sagte ein Mitarbeiter zu mir: »Das ist die Wall of Fame or Shame«. Warum? – Das erste Mal hat jeder gesehen, was der andere macht. Das schmeckt anfänglich nicht jedem. Immerhin ist man auch gerne für sich, über gute

4

Taten reden alle gerne, aber was ist, wenn es mal nicht läuft? Viel wichtiger, wie schaffst du es, dass dein Team sich direkt wohl mit dieser Arbeitsweise fühlt?

Dein Mindset. Die Art und Weise, wie du mit den Kolleginnen umgehen wirst. Auch, wenn es mal nicht läuft. Bekommt der Kollege dann einen Einlauf oder Hilfe? Denn darum wird es gehen: wie du als Führungskraft die Instrumente Daily und Retro nutzt.

Final lässt sich daraus erkennen, ob du als HR, Einkauf oder IT versuchst, agiler zu werden. Nach einer Analyse und nach Gesprächen mit deinen Kollegen lässt sich jede **Aufgabe nach Scrum gestalten, bei der der Wunsch da ist, besser zu werden**, ob in der Zusammenarbeit oder wegen eines Produktes oder Services, der besser werden kann. Die Artefakte Sprints und Co lassen sich auf dich runterbrechen und gestalten. Es bedarf deiner Kreativität, mutig zu sein, ein Management-Konzept oder -Tool neu zu denken, auf deine Bedürfnisse des Führungsalltags. Und wenn deine Mitarbeiter fleißig mitgestalten können in dem Prozess, **wird hieraus ein WIR.**

Fragen!

Wer nichts weiß, muss alles glauben.
Marie von Ebner-Eschenbach

Was ist eigentlich agil?

Wenn man agil als Wort definiert, so hat es seinen Ursprung aus der Wortfamilie Beweglichkeit. Im Kontext der aktuellen Marktbedingungen bedarf es einer Lösung. Digitalisierung als Wort allein reicht nicht aus, um dem Markt gerecht zu werden, auch keine reinen Initiativen. Hier kommt »eine Verwandte« ins Spiel, die überhaupt der Digitalisierung eine Arbeitsweise als Antwort des schnell veränderten Marktes ermöglicht – Agilität. Denn um ein Unternehmen digital gestalten zu können, bedarf es der internen Organisationsentwicklung. Bewusst lasse ich das Wort Struktur an der Stelle weg, denn an der Struktur arbeiten die meisten Unternehmen als Antwort auf agil und digital. Es ist aber die gesamte Unternehmensentwicklung, die notwendig ist. Angefangen beim richtigen Mindset, der Kultur des Unternehmens und dahinter wiederum den Menschen, die in diesem System arbeiten. Um das Wort Beweglichkeit in dem Zusammenhang nochmal zu erwähnen:

Da agil unser Bewegungsverhalten anspricht, ist es entscheidend, raus dem gewohnten Trott zu kommen, rein in eine komplexe Arbeitsweise (im Kopf). Erst dann folgt die Struktur.

Kleiner historischer Abstecher, in den Verlauf der Arbeitswelt-Entwicklung: Damals, als wir noch Bauern waren … schnarch … nein, so weit wollen wir nicht gehen. Aber – grundsätzlich gilt es zu berücksichtigen, dass jede technische und jede gesellschaftliche Entwicklung Veränderungen mit sich bringt. Hervorzuheben sind damalige Innovationen wie das Telefon, das Automobil, Fernsehen, Internet und inzwischen ein sehr kleines Gerät, das unser halbes Leben umfasst – das Smartphone.

Gerade, wenn wir uns rückblickend die Innovationen anschauen, haben sie alle sehr stark mit unserer Beweglichkeit zu tun: der Art und Weise unserer Kommunikation oder wie wir uns fortbewegen. Besonders das Automobil hat uns damals durch das Einführen von Produktionen und

Taylors sehr akribischer Arbeitsweise in unserer Arbeitswelt stark beeinflusst.

Weg vom Acker, hin zur Fabrik: Heut zu Tage stellt sich die Frage nach einem Arbeitsort nicht mehr, inzwischen arbeiten wir von überall auf der Welt, das »Digital Office« bedarf keines festen Arbeitsplatzes. So kann man zusammenfassend sagen, dass besonders die Industrielle und die Internet-Revolution uns als Menschen verändert haben.

Als die ersten Autos gebaut wurden, war die Antwort von Taylor oder auch Ford, schnelle, effiziente Arbeitsabläufe zu schaffen. Heute ist das selbstverständlich. Damals war das ein Riesen-Einschnitt in das WIE.

Ein paar Hundert Jahre später, nämlich jetzt, geht es um die nächste notwendige Innovation und die dazugehörenden Veränderungen: die eigene Unternehmung in die digitale Welt zu führen. Die Antwort ist keine Produktion, die haben wir ja schon, sondern diesmal bedarf es einer neuen Arbeitsweise – AGIL.

Unter agil werden verschiedene Methoden und Strukturen immer wieder benannt. Für manch einen ist agil *Scrum*, der andere definiert es als *Design Thinking*. Das alles sind aber Angebote zu verschiedenen Arbeitsweisen.

Agil ist nach meiner Definition eine Antwort auf die VUCA-Welt (vgl. S. 13, »Eine agile Ungeschichte«). Es ist ein Management-Konzept, das sicherlich weiter formuliert werden kann.

> **Auf einen Blick – für was ist AGIL gut?**
>
> Es geht um eine bewegliche Haltung, die ihre Werte nach dem Menschen richtet und in der sich schnell verändernden Wirtschaftswelt dafür sorgt, dass das Zusammenspiel zwischen Mensch, Maschine und Prozess in einen reflektierten Einklang funktioniert. Diese Haltung ermöglicht die Chance, schneller besser zu werden, da wir jeden Tag dazulernen.

Das Grundgerüst der Agilität stammt allerdings aus den 1950er Jahren. Der Soziologe Talcott Parsons (1951) hat vier Fähigkeiten definiert, die ein Unternehmen bzw. ein System betrachten muss, um den Veränderungszyklen gerecht zu werden. Aus den Anfangsbuchstaben formte Parsons den Begriff »Agil«:
- Anpassung an Veränderung (**A**daption)
- Ziele definieren und verfolgen (**G**oal Attainment)
- Zusammenhalt herstellen und absichern (**I**ntegration)

- Aufrechterhaltung von grundlegenden Strukturen und Werten (**L**atency)

Möglicherweise aufbauend auf den ersten Gedanken von Parsons folgte 2001 das Agile Manifest. Der Ursprung stammt von 17 Softwareentwicklern, die nämlich ihre Prozesse in der Softwareentwicklung wirklich agil gestalten wollten. Die beiden Scrum-Begründer **Ken Schwaber** und **Jeff Sutherland** sind in dem Kontext den meisten bekannt. In dem »Agilen Manifest« (Beck et al., 2001) wurden von den 17 Autoren (vgl. Literaturverzeichnis) entscheidende **Leitsätze** festgelegt:

- »**Individuen und Interaktionen** mehr als Prozesse und Werkzeuge
- **Funktionierende Dienstleistungen** mehr als umfassende Dokumentation
- **Zusammenarbeit mit dem Kunden** mehr als Vertragsverhandlung
- **Reagieren auf Veränderung** mehr als das Befolgen eines Plans«

Das »Agile Manifest« haben sie mit zwölf Prinzipien untermauert, die, vom Bereich der Softwareentwicklung weg hier etwas umformuliert für Unternehmen im Allgemeinen, wie folgt lauten (frei nach Beck et al., 2001):

1. Unsere höchste Priorität ist es, den Kunden durch frühe und kontinuierliche Auslieferung unseres Produkts/unserer Dienstleistung zufrieden zu stellen.
2. Heiße Anforderungsänderungen selbst spät in der Entwicklung willkommen. Agile Prozesse nutzen Veränderungen zum Wettbewerbsvorteil des Kunden.
3. Liefere funktionierende Produkte/Dienstleistungen regelmäßig innerhalb weniger Wochen oder Monate und bevorzuge dabei die kürzere Zeitspanne.
4. Fachleute aus den verschiedenen Bereichen müssen während des Projektes täglich zusammenarbeiten.
5. Errichte Projekte rund um motivierte Individuen. Gib ihnen das Umfeld und die Unterstützung, die sie benötigen und vertraue darauf, dass sie die Aufgabe erledigen.
6. Die effizienteste und effektivste Methode, Informationen an und innerhalb eines Teams zu übermitteln, ist im Gespräch von Angesicht zu Angesicht.
7. Funktionierende Dienstleistungen/Produkte sind das wichtigste Fortschrittsmaß.
8. Agile Prozesse fördern nachhaltige Entwicklung. Die Auftraggeber, das Team und die Nutzer der Dienstleistung sollten ein gleichmäßiges Tempo auf unbegrenzte Zeit halten können.
9. Ständiges Augenmerk auf fachliche Exzellenz und gute Gestaltung der Arbeitsabläufe fördert Agilität.

10. Einfachheit – die Kunst, weniger Arbeit zu benötigen – ist essenziell.
11. Die besten Arbeitsrahmen, Anforderungen und Entwürfe entstehen durch selbstorganisierte Teams.
12. In regelmäßigen Abständen reflektiert das Team, wie es effektiver werden kann und passt sein Verhalten entsprechend an.«

Was erkennst du aus den dargestellten Prinzipien?

Unter uns – ich finde es verwunderlich das seit den 1950ern die Agilität begründet wurde, wir 2019 haben und wahrscheinlich bis jetzt nicht jede/r vorbereitet ist auf eine Veränderung der Märkte, wie sie vorab zur Genüge beschrieben wurde. Es ist wiederum 18 Jahre her, dass Scrum als weitere Methode gerade die Softwarenentwicklung beeinflusste – und ebenso erst jetzt ist diese Methode in aller Munde.

Sarkasmus beiseite … Wichtig für deinen Führungsalltag ist es, dass wir uns die zwölf Prinzipien genauer ansehen. Denn alle Methoden, ob bspw. Design Thinking oder Scrum, betonen den Menschen im Mittelpunkt. Es geht um den Kunden im Fokus, die Wertschätzung deiner Mitarbeiter(innen) und ebenso um eine effiziente, aber vertraute Zusammenarbeit aus unterschiedlichen Perspektiven.

> **Auf einen Blick – meine Definition von Agil** !
>
> Nach meinem Verständnis spiegelt agiles Arbeiten die Haltung des Konzeptes Management 3.0 von Apello wieder. Scrum, Design Thinking und Lean Startup als Methoden gestalten die Prozesse und Arbeitsweise, und mit dem OKR liegt ein modernes und zielgerichtetes System zugrunde.

Lass uns nun die einzelnen Methoden betrachten.

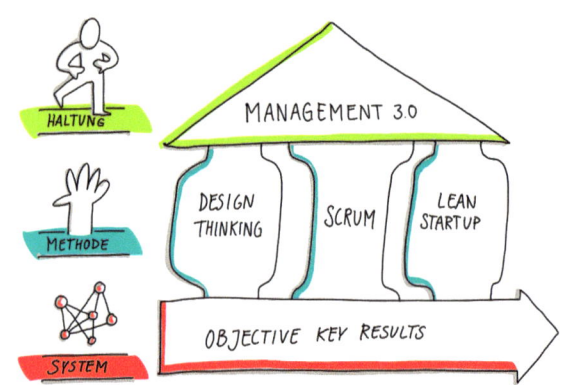

Abb. 26: Gesamtdarstellung agiles Arbeiten

Management 3.0

Jurgen Appelo wollte mit Management 3.0 eine Antwort auf die komplexen Zeiten des Führungsalltags geben. Es geht hierbei um einen systemischen Führungsansatz, der eine Organisation als komplexes und soziales System versteht und durch verschiedene, aber konkrete Vorschläge Führungskräfte dabei unterstützt, der agilen Arbeitsweise einen Ansatz aus der Führungssicht zu geben, was wiederum mit vielen Ideen der Zusammenarbeit untermauert wird. Und ähnlich wie im agilen Manifest geht es bei Management 3.0 nicht um Planbarkeit im idealtypischen Wasserfall-Modell, sondern es geht darum, gerade auf Unvorhergesehenes schnell reagieren zu können – zwar einen Plan zu haben, aber in der Lage zu sein, flexibel eine Änderung vorzunehmen.

So gestaltet sich auch unser Führungsalltag. Wir haben mit Menschen zu tun – als ob da ein Plan möglich wäre. Nein, es geht darum, eine nachhaltige Verbesserung einer Organisation hinsichtlich ihrer Anpassungsfähigkeit, Arbeitsbedingungen, Produktivität und Mitarbeiterzufriedenheit zu schaffen. Die Führungskraft als kompetenter Organisationsentwickler, das ist Appelos Vorstellung. Auch er hat Werte definiert, die dir als Führungskraft eine Idee von guter Führung geben sollen:
- Energize People
- Empower Teams
- Improve Everything
- Grow Structure
- Develop Competence
- Align Constraints

Grundsätzlich geben diese Werte das Gerüst des agilen Arbeitens. Appelo umschreibt mit ihnen die Wichtigkeit der Motivation deiner Kollegen, wenn du »volle Power« möchtest, denn erst durch deren Energie kommt die Kreativität. Gleichzeitig geht es darum, dass deine Mitarbeiterinnen sehr gut ohne dich zurechtkommen, indem sie selbstorganisiert sind und wissen, was zu tun ist – es gilt, sie hierfür zu entwickeln. Auch die Fehler gehören dazu, denn Entwicklung bedeutet nun mal *Aufstehen, Krone richten und weitermachen.* Oder hast du deine gesamten Learnings daraus gezogen, dass du so viel gelesen hast? – Nein, es ist das Ausprobieren. Wie das geht, schauen wir uns gleich mal an …

Scrum

Scrum ist ein Rahmenwerk für agiles Zusammenarbeiten. Besonders beliebt ist es in der Softwareentwicklung, wo es, wie vorab beschrieben, seinen Ursprung hat. Die Umsetzung ist einfach und flexibel und kann schnell Ergebnisse erzeugen. Im Scrum-Prozess gibt es drei Rollen, wie in Abbildung 27 zu sehen: Der *Product Owner* vertritt die Interessen des Kunden oder Stakeholders. Er übernimmt auch die Besprechung von Anforderungen und klärt, wie diese (orientiert am Nutzen des Kunden/Stakeholders) bestmöglich in die Sprints verteilt werden, natürlich in Absprache mit dem Team. Das *Team* hat die Verantwortung, die Anforderungen für das Produkt/den Service in die Sprints zu übersetzen. Es arbeitet dabei selbstgesteuert und organisiert. Ideal ist es ein gemischtes Team, gerade in Innovationsprozessen ist das sehr kreativ und hilfreich für die Entwicklung. Nun, was bleibt dann noch dem *Scrum Master*? Der hat ziemlich viele coachende Aufgaben: Er unterstützt das Team bei der Zielerreichung, räumt bürokratische Themen aus dem Weg und sorgt dafür, dass die Spielregeln im Team beachtet werden und man sich gegenseitig unterstützt. Dabei ist es das Ziel, dass das Team sich stetig verbessert, also persönlich weiterentwickelt. Am Ende des Sprints präsentiert das Team dem Product Owner, optional

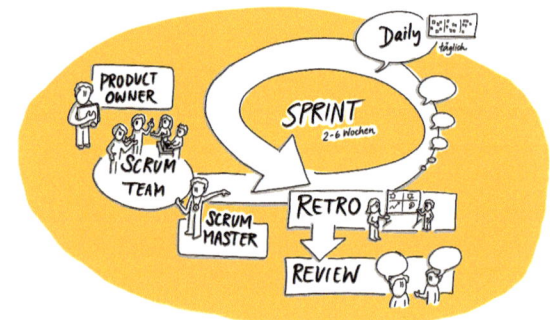

Abb. 27: Scrum-Prozess

dem Kunden/den Stakeholdern in einem Review Meeting das Ergebnis aus dem Sprint. Abgerundet von einer Retro zur Reflexion.

Und da wären wir auch schon bei den Artefakten. Wobei vorab zu erwähnen ist, je nachdem, wie du Scrum für dich nutzt, gibt es ein Review Meeting oder nicht. Denn es kommt darauf an, ob du etwas entwickelst, also ein Produkt oder einen Service, oder einfach deine Arbeitsweise hinterfragen möchtest.

Nach welcher Struktur wird im Scrum gearbeitet? Zum einen haben wir das Daily, auch Daily Stand-up genannt, das ein Team zusammenkommen lässt, um einmal am Tag den Sprint zu besprechen. Das geht maximal 15 Minuten. Daraus ergibt sich eine begrenzte Kapazität des Teams: nicht über 15 Teammitglieder, sofern das Daily konstruktiv sein soll. Die Dailys sind Teil eines Sprints, der wiederum von 2 Wochen bis 6 Wochen dauern kann. Nach jedem Sprint findet abschließend eine Retro statt. Das gilt der Reflexion und dem Lernen. Dem Besserwerden.

Zusammenfassend kann man sagen, es dreht sich um einen Prozess, der klar definiert ist durch Sprints, Dailys, Retros und wahlweise Scrum Reviews. Abgerundet durch die Art und Weise der Zusammenarbeit in definierten Rollen und Abläufen. Die Kommunikation und die Reflexion sind die entscheidenden Erfolgsfaktoren für den Prozess. Gerade das ist in Scrum-Prozessen immer wieder ein vernachlässigter Faktor – was nicht dem Ursprung gerecht wird, wenn du dich intensiv mit dem Regelwerk und den zwölf Prinzipien beschäftigt hast. Denn genau um effiziente Zusammenarbeit geht es.

Design Thinking

Design Thinking ist ein Kreativprozess der Informatiker David Kelley, Terry Winograd und Larry Leifer von der Stanford University. Der Grundgedanke des Design Thinking ist, dass insbesondere heterogene Teams echte Innovationen erschaffen. Design Thinking zielt darauf ab, aus unterschiedlichen Perspektiven eine Problemstellung zu betrachten, daraus Schlüsse zu ziehen, um darauf aufbauend einen Innovationsprozess zu beginnen, der auf die Bedürfnisse des Menschen ausgerichtet ist. Grundannahme des Design Thinking ist, dass Innovation in der Schnittmenge aus den drei gleichberechtigten Faktoren Mensch, Technologie und Wirtschaft entsteht (Abb. 28).

Der Ansatz hierbei ist «human-centered», also am Menschen orientiert. Zunächst gilt es, die Bedürfnisse der Zielgruppe zu beobachten, identifizieren und verstehen. Daraus gewonnene Erkenntnisse sind die Grundlage für die eigentliche Ideengenerierung. Dabei geht es weniger um die detailgenaue Ausarbeitung von Ideen, sondern vielmehr auf umfassendes Experimentieren und Sammeln von neuen Einsichten. Durch das Wiederholen und die Folge der verschiedenen Prozessschritte entsteht ein zuneh-

5

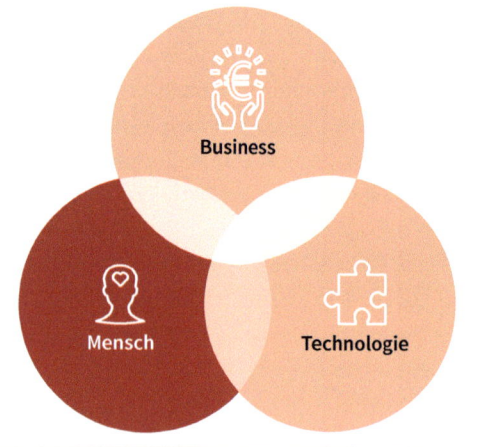

Abb. 28: Design-Thinking-Haltung

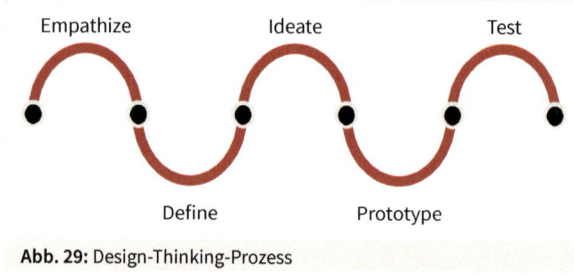

Abb. 29: Design-Thinking-Prozess

mend besseres Verständnis für das Problem. Vom Problem aus entstehen dann die Lösungen, also echte Innovation.

Der Design Prozess durchläuft also verschiedene Phasen der Lösungsfindung. Sofern du dich schon mit Design Thinking beschäftigt hast, wirst du feststellen, dass es manchmal fünfstufige Prozesse gibt, manchmal sechsstufige Prozesse. Wir setzen uns mit dem fünfstufigen Prozess (Abb. 29) auseinander, da dieser auch den Ursprung der *Stanford d.school* darstellt.

Um was geht es konkret in den verschiedenen Phasen?
Empathize, also Verstehen, ist eine erste Auseinandersetzung mit dem Problem und gilt auch der klaren Definition. Es soll ein gemeinsames Verständnis entwickelt werden

Define gilt dem Beobachten und Klären dessen, was der Nutzer wirklich will, welche Bedürfnisse dahinter liegen. Oftmals über Interviews, sofern das möglich ist. Die Erkenntnisse werden dann zusammengetragen. In dieser Phase wird auch gern die Persona verwendet.

Ideate, das Ideenfinden, ist das Herzstück der Innovation, da Ideen durch verschiedene Kreativtechniken wild entwickelt werden.

Das **Prototyping** gilt der zielgruppengerechten Entwicklung eines Produktes oder Services. Es sollen erste Versionen erschafft werden, gerne noch in Rohfassung, um dann in die Testphase zu gelangen.

Der **Test** ist ebenso wichtig, um Erkenntnisse zu erzielen. Meistens ist es nicht der erste Prototyp, der überzeugt, also geht es darum, alle relevanten Erkenntnisse zu nutzen, um an dem Produkt zu feilen, sodass der Design-Thinking-Prozess mehrfach von vorne beginnt.

Lean Startup

Die Lean-Startup-Methode wurde von Eric Ries entwickelt und im September 2008 zum ersten Mal in seinem Blog *Startup Lessons Learned* erwähnt, drei Jahre später, also 2011, veröffentlichte Eric Ries sein Buch The Lean Startup (dt. 2014), welches die Grundlage der Methode bildet.

Der Ansatz kann zur Gründung von Unternehmen sowie zur Umsetzung von Geschäftsideen genutzt werden. Daher ist diese Methode auch sehr beliebt in der Startup-Szene. Wobei gerade etablierte Unternehmen aus dem Ansatz Innovationsprozesse gestalten könnten. Der Fokus liegt auf schlanken Prozessen – daher *Lean* – und Learnings aus den iterativen und kundenzentrierten Tests. Durch kontinuierliche Feedbackschleifen durch Stakeholder oder Kunden werden frühzeitig Rückschlüsse in der Produkt- oder Serviceentwicklung gezogen. Lean Startup beschreibt diesen Ablauf als »Build-Measure-Learn-Zyklus« (Abb. 30).

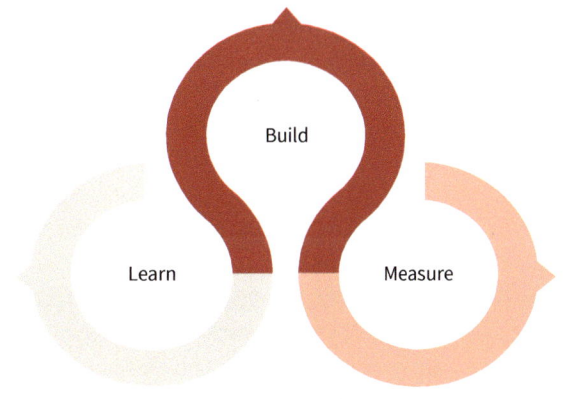

Abb. 30: Lean Startup

Alles beginnt mit einer Hypothese, die in Form von Experimenten getestet wird. In der Phase *Build* (Bauen) geht es um die Entwicklung von Prototypen oder *Minimum Viable Products* (MVPs), um daraufhin mit der Kundin in der Phase

Measure (Messen) zu testen. Es werden Erkenntnisse gewonnen, worauf es dann darum geht, aus dem Lernen – *Learn* – nächste Schritte zu planen. Diesen Prozess wiederholt man stetig, um das Produkt/den Service kontinuierlich zu verbessern.

OKR

OKR steht für »Objectives and Key Results« – also Ziele und Schlüsselergebnisse. Die Methode gewinnt besonders in letzter Zeit an Interesse. Neben Google, die seit 1999 damit arbeiten, stützen sich inzwischen auch viele andere Silicon-Valley-Unternehmen auf OKR, aber auch erste Unternehmen in Deutschland nutzen das Konzept für sich. Gerade dieses Management-Konzept ermöglicht der agilen Arbeitsweise einen Rahmen. Denn wenn ein Unternehmen nach agilen Grundzügen arbeitet, aber die Zielvereinbarung nach klassischer Berechnung funktioniert, kann agiles Arbeiten gar keinen Raum erhalten. Die Grundidee von OKR ist es, jedem Ziel *(Objektive)* messbare Schlüsselergebnisse *(Key Results)* zuzuordnen. In regelmäßigen Abständen werden die Erfolge gemessen und neue OKR definiert.

Besonders und wirklich ziemlich modern – Achtung alle, die top-down arbeiten –: Nun geht es um Augenhöhe, denn jeder Mitarbeiter hinterfragt sich selbst, wie er zum Unternehmenserfolg bzw. zu den Unternehmenszielen beitragen kann. Jede Mitarbeiterin sollte in einem bestimmten Zeitraum maximal an fünf Zielen mit jeweils nicht mehr als vier Schlüsselergebnissen arbeiten, da sonst der Fokus verloren wird. Zudem sollen Ziele und Schlüsselergebnisse, ähnlich wie im Modell SMART, attraktiv sein und den Mut zeigen, sich großen Zielen zu stellen.

Elements of an OKR (nach Richard Klau, zit. n. Lobacher/Schubert 2017)

The Objective …
- is ambitious
- feels a tad uncomfortable

The Key Results …
- clearly make the objective achievable,
- are quantifiable
- lead to objective grading

In dem Management-Ansatz geht es anstatt Boni um ein Miteinander, Transparenz, klare Zielformulierungen und das echte Interesse des Mitarbeiters am Ziel, da es nicht vorgegeben ist, sondern gemeinsam beschlossen wird.

Zusammenfassend geht es um eine wirklich innovative Führungsmethode, um die Ziele und die damit verbundene Strategie eines Unternehmens gemeinschaftlich zu erreichen – und das nicht weniger ambitioniert als bisher.

Und nun alles agil?

Zusammenfassend hast du nun einen ersten Einblick bekommen, was die verschiedenen Methoden mit sich bringen. Sicherlich hast du nach den wenigen Seiten noch viele Fragen zu den verschiedenen Methoden. Da es sich hier um ein Praxisbuch handelt, das dir dabei hilft, schnell und pragmatisch aus Führungssicht Agilität zu greifen und in die Umsetzung zu kommen, empfiehlt es sich, weiterführende Literatur zu lesen, die du im Literaturverzeichnis findest.

Wie aber bisher gezeigt, legen Agilität und die dahinterstehenden Methoden und Prozesse einen großen Wert auf das soziale Miteinander bei der Arbeit. Es geht um die Kommunikation zwischen allen Beteiligten und einen daraus entstehenden Prozess im Sinne des Kundennutzens. In der guten Zusammenarbeit begründet sind das Mindset, die Lösung komplexer Sachverhalte und zukünftige Innovationen. Das Management-Konzept Agilität erfindet das Rad nicht neu, vielleicht erinnert sie vielmehr daran, worauf es in der Zusammenarbeit und in der Entwicklung von Produkten und Services wirklich ankommt. Agile Methoden sind Hilfsmittel oder Werkzeuge, die das Mindset des agilen Arbeitens in Prozesse »kippen«. Aber nicht die Methode begründet den Erfolg, sondern die Haltung!

Du hast im Verlauf der Jahre wahrscheinlich einige Führungsansätze selbst erlebt, da du selbst Mitarbeiter warst oder du vieles auf dem Weg zu einer guten Führungskraft ausprobiert hast. Der Gradmesser von Führung wird oft noch auf einer Strecke von autoritär bis hin zu *laissez faire* oder kooperativ definiert. Letzteres ist wohl das Zutreffendste. Weg von *Management by objectives,* hin zu einem *Servant Leader*.

Genau das verbirgt sich hinter all den agilen Methoden: die Haltung einer dienenden Führungskraft. Ob du dann das Modell der dienenden Führung (Servant Leadership) vorziehst oder es pragmatischer findest, Management 3.0 noch genauer zu betrachten und danach zu arbeiten, ist erst einmal nicht relevant. Relevant ist, dass du ab jetzt anfängst, vieles auszuprobieren, aber gemeinsam mit deinem Team, und dabei immer deine Haltung im Blick hast.

Einfach machen!

> *Nur Persönlichkeiten bewegen die Welt, niemals Prinzipien.*
> Oscar Wilde

Dein Weg als agile Führungskraft!

So. Nun sind wir am Ende unserer kleinen Reise angekommen. Nach all den Seiten voller agiler Ansätze liegt es nun an dir. Daher die Frage: Was brauchst du jetzt? – Vielleicht war es eins deiner ersten Bücher zu Agilität, da kann es sein, dass du gerne noch tiefer in die Materie einsteigen möchtest. Oder du bist schon mitten in der agilen Welt angekommen und wolltest deine Perspektive erneut erweitern.

Egal wo du gerade stehst: Es geht um den nächsten Schritt. Das ist genauso, wenn du morgens aufstehst und dann auch noch mit dem falschen Fuß – auch hier liegt es an dir, wie du entscheidest. Gute oder schlechte Laune?

Du hast deinen Führungsalltag selbst in der Hand. Ja, natürlich bekommst du viele Aufgaben oder auch mal Restriktionen von deinem Management oder, wenn es deine eigene Firma ist, dann wird es der Investor womöglich sein, der Vorgaben macht. Äußere Faktoren spielen meistens eine Rolle. Aber wie in dem »Aufsteh-Beispiel« liegt es an dir, wie du damit umgehst. Emotionen spielen als Führungskraft eine größere Rolle, als das wahrscheinlich jede/r für sich eingestehen möchte. Daher möchte ich mit dir einen allerletzten Abstecher machen: zur **Emotionalen Intelligenz**.

Goleman stellt in seinem bekanntem Buch »Emotionale Intelligenz« (1997) entscheidende Komponenten vor: Selbstwahrnehmung, Selbstregulierung, Motivation, Empathie und soziale Fähigkeiten. Es geht darum, Emotionen wahrzunehmen, sie zu verstehen, mit Emotionen umgehen zu können und sie bewusst zu nutzen.

Wieso ist dieser Exkurs für dich von solcher Bedeutung? **Dein Erfolg**. Goleman beschreibt die Tatsache, dass der Intelligenzquotient nicht entscheidend für den zukünftigen Erfolg ist. Denn sofern man **Wissen** nicht **praktisch anwen-**

den kann, wird das auch nicht zum Erfolg führen. Es sind **deine Handlungen**.

In den kommenden Tagen, wenn es darum geht, dich als Führungskraft weiterzuentwickeln, dein Selbstverständnis zu überdenken und erste Tools auszuprobieren, gehört dazu das Management von Gefühlen, also ein klares Verständnis von diesen zu haben und zukünftiges Verhalten daraus abzuleiten, um genau an den Veränderungen zu arbeiten, die gefordert sind in dieser schnelllebigen Zeit. *Selbstregulierung, Empathie, aber auch der Umgang mit deinem Team und eine gehörige Portion Motivation, sich auch immer wieder neu zu erfinden, die Schnelligkeit, mitzugehen, Change zu gestalten – das sind deine Aufgaben!*

Die Einführung agiler Arbeitsweisen kann kein ausschließlich kognitiver Prozess sein, durch den wir lernen, »**anders zu denken**«, sondern muss auch begleitet davon sein, sich Fähigkeiten anzueignen. Gerade das **Lernen steht im Fokus der Agilität**, so hast du anhand von Scrum gesehen, dass es weniger ein reiner IT-Prozess ist. Es sind viele Werte, die Zusammenarbeit gestalten, gepaart mit verschiedenen Handlungsabläufen, Prozessen, um Wissen und Erfahrungen zu teilen. Es geht darum, die **Zusammenarbeit in deinem Team wertbringend zu gestalten**. Für deine Mitarbeiter und deine Kunden.

Wir hatten auch darüber gesprochen, dass agil nicht gleich »alles neu« bedeutet. Und das viele Ansätze sicherlich älter sind als man manchmal denkt. Also geht es sicher auch nicht darum, dass du nun alles auf null stellst und deine Führungspraxis bis jetzt für die Katz war. Nein. Dieses Buch bietet dir einen weiteren Anreiz, niemals stehenzubleiben, deinen Werkzeugkoffer als Führungskraft immer wieder zu füllen, alte Tools herauszunehmen und neue mitaufzunehmen.

Ganz in diesem Sinne besteht dieses Praxisbuch selbst aus einem Teil der Tools, die ich über die Jahre kreiert habe. Teilweise gebe ich die Originalfassung wieder, teils Abwandlungen, sei es, weil ich einen gesamten Prozess aufgebrochen und mich nur mancher »Artefakte« bedient habe oder weil ich vorliegende Tools durch neue Ideen auf meinen Führungsalltag angepasst habe.

Jetzt bist aber du an der Reihe. Eines ist sicher klar geworden: Agile Methoden setzen sich aus so verschiedenen Methoden zusammen, also, sofern du selbst Ideen hast – das allein ist schon agil. Weil wir ja inzwischen wissen, dass es um deine **Haltung** geht, so gehört dazu auch, **selbst ans Werk zu gehen:** Probiere aus, was du hier gefunden hast, aber hab' keine Scheu, selbst agile Tools zu entwerfen, weil du eine Methode oder einen Prozess erweiterst, gar umdenkst. Denn das tut eine agile Führungskraft.

Viel Spaß dabei.

Backlog & Retro

Hier kannst du die Themen sammeln, die du ausprobieren möchtest. Aber inzwischen wissen wir ja, wir wollen daraus lernen. Also schreib' auch gleich auf, was beim Ausprobieren geklappt hat oder eben noch nicht.

6

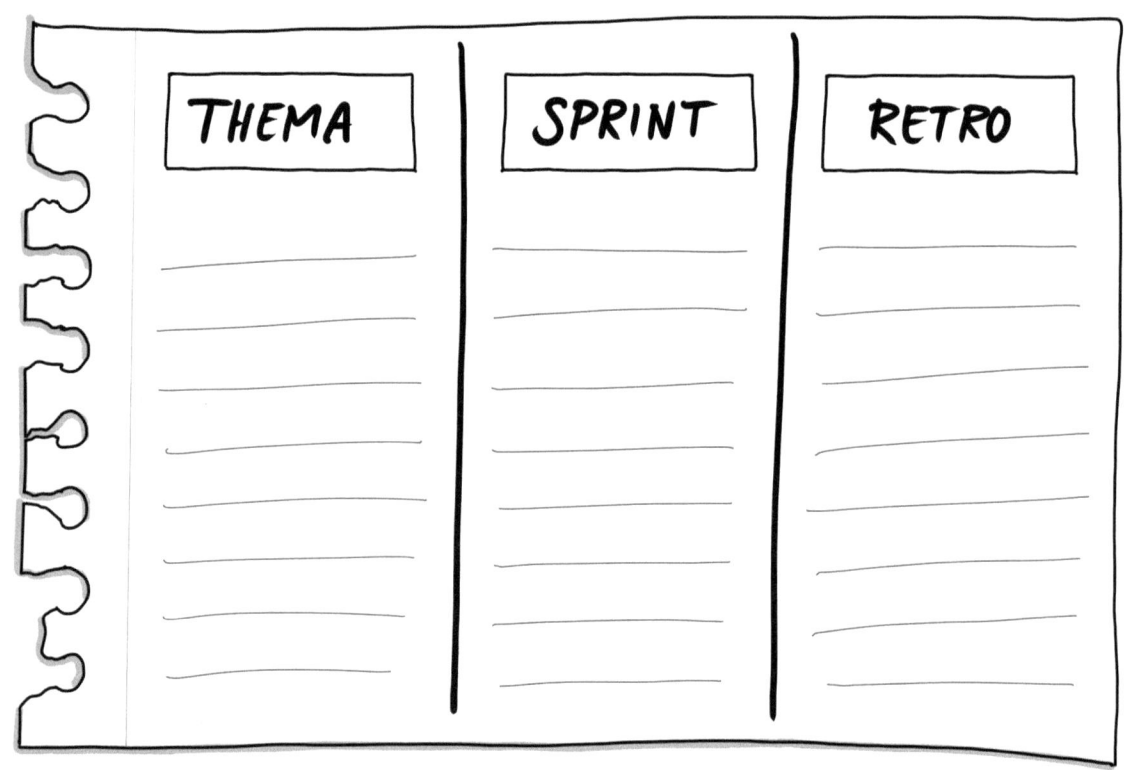

Abb. 31: Persönliches Backlog

Literaturverzeichnis

Bücher

Appelo, J. (2011): Management 3.0: Leading Agile Developers, Developing Agile Leaders. New York u. a.: Addison-Wesley.

Appelo, J. (2016): Managing for Happiness. Games, Tools, and Practices to Motivate any Team. Hoboken, New Jersey: John Wiley & Sons. (Dt. Ausgabe seit 2018 erhältlich.)

Bodell, L. (2013): Kill the Company. 12 Killer-Tools für die Wiedergeburt Ihres Unternehmens. Frankfurt + New York: Campus.

Collins, J. (2001): Good to Great. Why some companies make the leap … and others don't. New York: Random House Business.

De Bono, E. (2013): De Bonos neue Denkschule. Kreativer denken, effektiver arbeiten, mehr erreichen. 5. Aufl., München: Moderne Verlagsgesellschaft.

Eppler, J. M./Hoffmann, F./Pfister, R. A. (2014): Creability. Gemeinsam kreativ – innovative Methoden für die Ideenentwicklung in Teams. Stuttgart: Schäffer Poeschel.

Fortmann, H. R./Kolocek, B. (Hrsg.) (2018): Arbeitswelt der Zukunft. Trends – Arbeitsraum – Menschen – Kompetenzen. Wiesbaden: Springer Gabler.

Godin, S. (2008): Tribes, we need you to lead us. New York: Penguin Group (USA) Inc.

Goleman, D. (1997): EQ. Emotionale Intelligenz. 27. Aufl. 2017, München: dtv Verlagsgesellschaft.

Greenleaf, Robert K., Spears, Larry C. (2002/1977): Servant Leadership. A Journey into the Nature of Legitimate Power and Greatness. New York.

Hofert, S. (2016): Agiler führen. Einfache Maßnahmen für bessere Teamarbeit, mehr Leistung und höhere Kreativität. Wiesbaden: Springer Gabler.

Konrad, K. (2014): Lernen lernen – allein und mit anderen. Wiesbaden: Springer Gabler.

Laloux, F. (2014): Reinventing Organizations. Ein Leitfaden zur Gestaltung sinnstiftender Formen der Zusammenarbeit. München: Franz Vahlen.

Lobacher, P./Schubert M. (2017): OKR, Agiles Zielemanagement und modernes Leadership mit Objectives & Key Results. Das umfassende Kompendium. CreateSpace Independent Publishing Platform.

Mayer T./Lewitz, O./Reupke, U./Reupke-Sieroux, S. (2018): The People's Scrum. Revolutionäre Ideen für den agilen Wandel. 2., überarb. Aufl., Heidelberg: dpunkt.

Nowotny, V. (2016). Agile Unternehmen. Göttingen: BusinessVillage.

Parsons, T. (1951): The Social System. London: Routledge (auch online).

Osterwalder, A./Pigneur Y. (2010): Business Model Generation: A Handbook for Visionaries, Game Changers, and Challengers. Hoboken, New Jersey: Wiley.

Ries, E. (2014): Lean Startup: Schnell, risikolos und erfolgreich Unternehmen gründen. München: Redline.

Schirmer, U./Woydt S. (2009): Mitarbeiterführung. 3. Aufl., Heidelberg: Springer Gabler.

Online-Quellen

Baldauf, C./ Fidikke, T. (o. J.): Retrofomat. https://www.retromat.org. Abrufdatum: 11.03.2019

Beck, K./Beedle, M./Bennekum v. A/Cockburn, A./Cunngham, W./Flower, M./ Grenning, J./Highsmith, J./Hunt, A./Jeffries, R./Kern, J./Marick, B./Martin, R., C./Mellor, S./Schwaber, K./Sutherland, J./Thomas, D. (2001): Manifest für agile Softwareentwicklung. http://agilemanifesto.org/iso/de/manifesto.html. Abrufdatum: 11.03.2019

DeLong, T. J. (2011): Three Questions for Effective Feedback. https://hbr.org/2011/08/three-questions-for-effective-feedback. Abrufdatum: 11.03.2019

Haas, M. (o. J.): Denken mit den Händen. https://www.play-serious.org. Abrufdatum: 11.03.2019

Grätsch, S./Knebel, K. (2018): Agile Methoden: Design Thinking, Design Sprint, Lean Startup, Scrum. https://www.berliner-team.de/magazin/ueberblick-agile-methoden-design-thinking-design-sprint-lean-Startup-scrum/. Abrufdatum: 11.03.2019

Jessen, J-K. (2014): Speedback: Feedback mit Speed. https://qundg.de/blog/speedback-feedback-in-90-minuten/. Abrufdatum: 11.03.2019

Stichwortverzeichnis

A
Agile Leadership 29, 100
Agiles Manifest 119
Akzeptanz 36
Anpassungsfähigkeit 99, 103
Arbeitgeber-Attraktivität 44

B
Backlog 131
besser werden 49, 116, 123
Beweglichkeit 117
blinder Fleck 83, 87

C
Change 15, 23, 26, 109
Change Retros 17
Charakter 44, 49
Coach 47, 90
Customer Insights 67

D
Delegation 61, 84
Digitalisierung 13, 26
Diskussion 59, 62, 78
Disruption 80, 81

E
Einkauf 106
Emotionale Intelligenz 129
Entscheidung 59, 61, 63, 76, 86
ergebnisoffen 106

F
Feedback 28, 37, 38, 53, 87
Feedbackregeln 54
Fehlannahmen zur Agilität 15
Fehlertoleranz 19
Framework 100
Fremdbild 49, 87
Frenemy 101
Führung, keine 20
Führungsmethode 109, 127
Führungsstil 27
Führungsverständnis 21

G
Gains 74
ganzheitlich 22
Geduld 20, 34, 111, 115
Gefühle 110, 115
Gemeinschaftsgefühl 112
Generationenkonflikt 24
Generation Y 25, 104
Gruppendynamik 48

H
Haltung 10, 27, 30, 84, 107, 118
Happiness Line 67
hinterfragen 21, 38, 80, 114
human-centered 123
Human Resources 24

I
Ich-Botschaft 47, 54
Industriestandort 13
Innovation 80, 94, 118
iterativ 99, 105

K

Kanäle 96
Kandidatenmarkt 113
Kaufentscheidung 65
Kauferlebnis 64
Komplexitätsreduktion 41
Kritik 51
Kundenbeziehung 96
Kundennutzen 68
Kundensegment 96

L

Learning 40, 55, 57
Lob 21, 51

M

Management by Objectives 27
Marktreife 97
Meeting 32, 58
Menschenbild 23
Methodenwahl 19
Mindset 20, 27, 116
Mitarbeitergespräch 51, 53
Miteinander 26, 34, 127
Moderator 33, 39, 40

N

Neutralität 63
New Work 16

O

OKR 101, 126
Online-Kommunikation 112
Organisationsentwicklung 117
Organisationssteuerung 100

P

Perfektionismus 107
Performance Management 104
Planung 17, 94
Product Owner 122
Produktivität 35, 38
Prozessebene 100

R

Recruiting 36, 113
Reflexion 21, 28, 43, 55
Retro 114

S

Schlüsselpartner 97
Schlüsselressourcen 96
Scrum Master 122
Selbstbild 49, 87, 93
Selbstfürsorge 112
selbstorganisiertes Arbeiten 22
Selbstreflexion 43
Sense & React 29
Servant Leader 101
Servant Leadership 29
Sharing is Caring 103
Sicherheit 80, 92
SMART 40
Sozialpsychologie 87
Speed-Dating 51
Sprint 39
Stand-up-Meeting 33
Startup-Mentalität 103
Strategie 83

T

Teamkultur 45
Touchpoints 64
Transformation 15, 99, 102, 109
Transparenz 34, 37, 62, 102

U
Umsetzbarkeit 18
Unternehmensworkflow 14, 15

V
Veränderung 99
Veränderungsbereitschaft 102
Veränderungskompetenz 30
Verantwortung 61
Vision 19, 80
VUCA 16, 99

W
Wandel 16, 30

Wertangebot 96
Werte 87, 121
Werte, agile 9

Z
Zeitplanung 84
Zusammenarbeit 130

Zur Autorin

Dominique Stroh ist seit über 10 Jahren Führungskraft und Beraterin. Durch den stetigen Wandel haben sich die Arbeitsweise, Führungsideale und ganze Geschäftsmodelle stark verändert. Das Rüstzeug und die Methodik auch. So ist sie in die agile Welt gekommen, mit der Idee Führung außerhalb der klassischen Hierarchie zu denken, viel mehr die Arbeitswelt neu zu betrachten – auf Future Work zu setzen. Es geht darum, Unternehmen neu zu denken und die richtigen Tools zu wählen, dabei treffen sich klassische Management-Tools mit agilen Tools wie Scrum, Design Thinking und Co. Aber der Mensch steht immer im Fokus.

Als Business Coach, Agile Coach/Scrum Master, als Autor oder Speaker möchte sie die neue Arbeitswelt leicht gestalten. Das ist Future Work. Dein Rüstzeug für die Zukunft.

Zur Graphic Recorderin/Illustratorin

Anja v. Klitzing-Bantzhaff übersetzt und dokumentiert als Graphic Recorderin das Geschehen in Workshops und Veranstaltungen live in Wort und Bild. Ihr Streben nach Klarheit treibt sie an, die Dinge auf den Punkt zu bringen. Sie hat oft erlebt, dass die Übersetzung in Bilder schon während des Gesprächs neue Perspektiven eröffnet. Bilder sind ausgezeichnet geeignet, um komplexe Sachverhalte darzustellen, Zwischentöne zu erfassen und eine gemeinsame Klärung voranzubringen. So unterstützt ihre »visuelle Sinnstiftung« im Tandem mit den Coaches oder Führungskräften die Bearbeitung diverser Fragestellungen. Vorzugsweise solcher, in denen es um Organisationen neuen Typs und die Auswirkungen auf unser Arbeiten geht. Aus ihrer Arbeit als systemische Organisationsentwicklerin ist sie mit den Methoden und Dynamiken in Transformationsprozessen in Richtung Agilität und Digitalisierung vertraut. Dies kam auf gelungene Weise bei der Illustration dieses Buches zusammen – eine leichtfüßige Co-Kreation zusammen mit der Autorin Dominique Stroh.

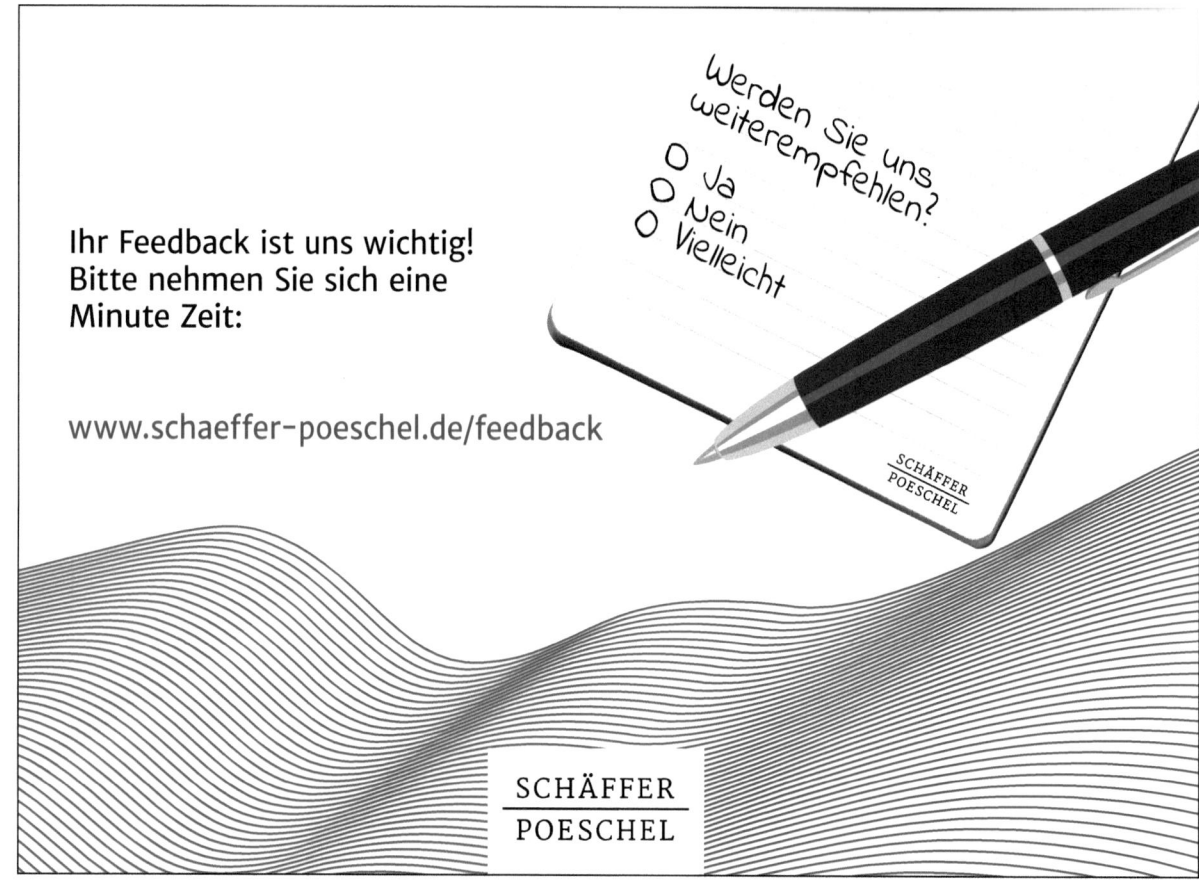

Ideen sichtbar machen

Bequem online bestellen: **www.schaeffer-poeschel.de/shop**

Eppler|Hoffmann|Pfister
CREABILITY
2., aktual. und erw. Auflage 2017.
269 S. Kart. € 19,95
ISBN 978-3-7910-3837-7
eBook 978-3-7910-3838-4

Eppler|Pfister
SKETCHING AT WORK
2., aktual. und erw. Auflage 2017.
165 S. Kart. 19,95 €
ISBN 978-3-7910-3840-7
eBook 978-3-7910-3839-1

Eppler|Kernbach|Pfister
DYNAGRAMS – DENKEN IN STEREO
2016. 228 S. Kart. € 19,95
ISBN 978-3-7910-3530-7
eBook 978-3-7910-3531-4

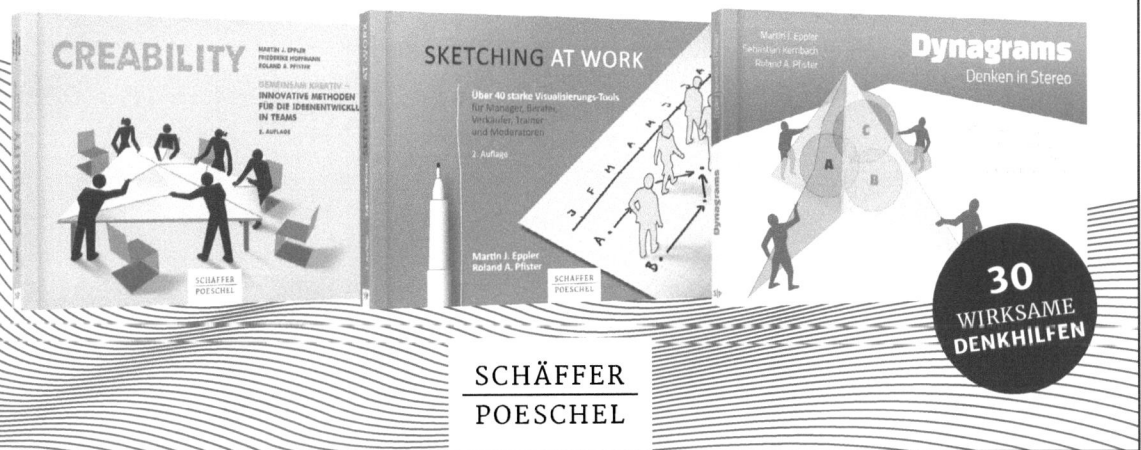

Effektiv trifft kreativ

Bequem online bestellen: **www.schaeffer-poeschel.de/shop**

Endlich effiziente Meetings! Die Autoren setzen auf unterschwellige positive Anreize, sogenannte Nudges. Im Buch zeigen sie 100 Möglichkeiten, wie sich mit passenden Nudges eine neue Meetingkultur etablieren lässt.

Ausgezeichnet als bestes deutschsprachiges Wirtschaftsbuch 2018.

Eppler/ Kernbach
MEET UP!
Einfach bessere Besprechungen
durch Nudging. Ein Impulsbuch für Leiter,
Moderatoren und Teilnehmer von Sitzungen
2018. 174 S. Kart. € 19,95
ISBN 978-3-7910-3974-9

SCHÄFFER POESCHEL